海洋资源开发系列丛书

国家重大工程攻关专项　国家重点研发课题　国家 973 计划项目及国家科技重大专项成果

深海管道失效机理及其止屈技术

邵强　马文韬　余杨　喻斌　余建星　著

天津大学出版社
TIANJIN UNIVERSITY PRESS

图书在版编目（CIP）数据

深海管道失效机理及其止屈技术 / 邵强等著.
天津 ： 天津大学出版社，2024. 8. -- （海洋资源开发系
列丛书）. -- ISBN 978-7-5618-7812-5

Ⅰ. P72；U173.9

中国国家版本馆CIP数据核字第2024GV6570号

出版发行	天津大学出版社	
地　　址	天津市卫津路92号天津大学内（邮编：300072）	
电　　话	发行部：022-27403647	
网　　址	www.tjupress.com.cn	
印　　刷	北京盛通数码印刷有限公司	
经　　销	全国各地新华书店	
开　　本	787mm×1092mm　1/16	
印　　张	7	
字　　数	166千	
版　　次	2024年8月第1版	
印　　次	2024年8月第1次	
定　　价	59.00元	

本书编委会

前　　言

　　工业革命之后,全球工业进入高速发展时期,化石燃料在工业生产中起到了至关重要的作用。随着几百年来世界经济的发展,化石燃料尤其是石油和天然气的需求越来越大,陆地上的油气资源逐渐匮乏。与此同时,新能源的开发还不足以满足工业发展的需求,化石燃料仍然有其不可替代性。人们将视线逐渐转移到了海上油气资源的开发中。数据显示,海洋中的石油资源约占全球总含量的34%,巨大的海洋石油资源等待着人们的勘探与开发。在海洋油气资源开发过程中,深海管道油气运输是不可或缺的重要一环。深海管道担任着海洋钻井平台间油气的汇集、运输等工作,是现代海上油气工程的"血管",也是保障海上油气开采顺利进行的关键。

　　由于海底环境复杂,深海管道通常会受到各类载荷作用,包括铺管过程中的载荷、波浪海流等作用下的载荷、海底落物的撞击载荷以及地震载荷等。受上述载荷影响,深海管道会产生应力激增,高于材料的极限强度,导致材料发生破坏。局部的破坏会使管道截面发生压溃,在惯性力影响下,压溃处附近的截面也会发生破坏,引起屈曲的传播。这会导致大面积的破坏,对生产生活造成巨大影响,甚至发生重大安全问题。研究管道在复杂载荷作用下的屈曲行为对管道安全设计至关重要。

　　海洋工程领域在进行结构强度分析时,常采用商业软件如 ABAQUS、ANSYS 等,目前软件核心技术掌握在西方国家手中。国内海洋工程中所用到的管道,需要送往国外进行试验验证,非常影响效率。现阶段,随着中美关系变化,这项"卡脖子"技术急需被攻克,需要自主开发出一款计算软件替代商业有限元计算软件,以支持行业的健康发展。因此在解决深海管道在复杂载荷下强度分析的同时,还应该在解决问题的方法上进行创新,开发出拥有自主知识产权的深海管道屈曲分析计算软件,摆脱西方的束缚。其中,向量式有限元因为其理论基础的优势,常用于被分析结构在大变形、断裂、碰撞等情况下的行为。管道压溃和屈曲变形是结构的大变形,所以依托向量式有限元方法对深海管道压溃和屈曲开展研究计算相较于传统有限元方法具有一定优势。本书介绍了向量式有限元的基本原理,并给出了向量式有限元方法在深海管道复杂屈曲行为模拟中的应用算例。同时介绍了天津大学深海结构实验室开发的,具有自主知识产权的深海管道压溃及屈曲分析软件——OceanKit。该软件能够实现深海管道整体屈曲分析和外水压与其他相关载荷作用下的深海管道局部压溃和屈曲传播分析。

　　本书虽经作者所在课题组多年实践,但限于作者水平和时间因素,书中难免存在疏漏之处,敬请各位专家、读者惠予指正。

目　　录

目 录

第1章　深海管道局部屈曲及其传播

1.1　管道屈曲概述

  海底管道在外部静水压力和弯曲作用下,容易发生屈曲破坏。屈曲破坏的形式有两种:一种是局部屈曲(Collapse),另一种是屈曲传播(Propagating Buckles)。管道抵抗局部屈曲的能力较大,设计中应按此条件控制管道壁厚和钢材级别;管道抵抗屈曲传播的能力较差,不能按该条件设计管道,否则,设计出的管道壁厚过大,经济性较差。

  从理论上讲,若控制管道不发生局部屈曲,就不会发生屈曲传播;但即使管道严格按照设计要求进行选择和铺设,在实际工程的铺设过程中,仍然会出现一些状况,令管道受力超出预期,造成局部屈曲。比如,海底管道可能会受到来自海床等其他物体的外力作用(图1-1),或者铺设过程中遇到某些障碍令管道产生过大的弯曲变形等,这些原因均会使管道产生局部屈曲,换言之,在复杂的海底环境中,海底管道局部屈曲的发生其实是难以避免的。

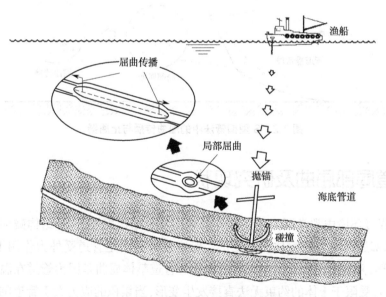

图 1-1　渔船抛锚造成海底管道的破坏

  屈曲传播压力(Propagation Pressure)P_p就是能维持管道发生屈曲传播所需的最小压力;屈曲破坏(压溃)压力(Collapse Pressure)P_{CO}就是管道从完整无损到屈曲破坏(压溃)所能经受的最大压力。一般来说,P_p的大小只有P_{CO}的$\frac{1}{8}\sim\frac{1}{4}$,换言之,只需要比屈曲破坏(压溃)小得多的压力,就可以使已经存在的管道局部屈曲缺陷沿管道长度方向快速传播,进而使得整个管道结构发生失效破坏。很明显,这样的屈曲传播特性对海底管道的整体性是极其不利的。

管道壁厚的增加可以有效提高管道的屈曲传播压力 P_p。理论上,只要管道的壁厚达到一定的比例,即使管道发生局部屈曲,也不会发生屈曲传播。然而,海底管道的铺设还牵涉成本问题,增加管道的壁厚不仅大大增加了材料的用量,还增加了铺设过程中悬跨段的重量,进而需对铺管船的张紧器(Tensioner)进行升级,直接或间接增加了大量成本。因此,单凭增加管道壁厚以解决屈曲传播问题过于保守,在经济性上并不可行。

海底管道屈曲传播问题的解决还有一个更具经济性的方法,即将若干止屈器(Buckling Arrestor)沿管道的长度方向相隔一定距离设置,如图 1-2 所示。其工作原理为允许管道发生局部屈曲,但是屈曲传播并不能跨越止屈器,从而使局部屈曲仅发生于两个止屈器之间。止屈器虽然不能阻止管道发生局部屈曲,但却能较好地保持管道的整体性,在安全性和经济性间取得较理想的平衡。

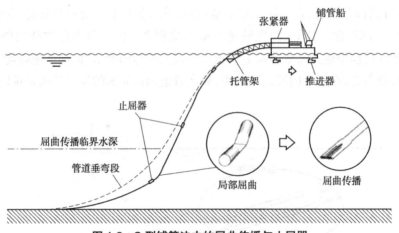

图 1-2 　 S 型铺管法中的屈曲传播与止屈器

1.2 　 管道局部屈曲及研究现状

管道在深海环境中常常因为复杂的外部载荷发生结构损坏,这种结构破坏常见的有两种,分别是局部屈曲变形和整体屈曲变形。管道局部屈曲是管道受外力作用下,截面发生"哑铃形"变形,并且由压溃发生点向两边传播。管道整体屈曲是因为管道在温压联合作用下发生膨胀后,受限于土体的约束无法直接发生变形,当累积的应力大于管道临界屈曲载荷时,管道将发生类似于压杆稳定问题的整体屈曲。

在深海管道施工或者非作业状态时,由于管道主要载荷为管道外部所受高静水压作用,故其设计通常依据局部屈曲压溃的失稳极限状态,并且由于触底点附近发生过度变形,海上管道容易发生局部屈曲。如果外部静水压力足够高,屈曲可能会沿着管道发生灾难性传播,威胁管道的结构完整性。

当管道发生局部压溃时,管道表面会出现凹痕,所处位置压力集中。在外部载荷的作用下,凹痕会发生传播直到外部压力降至传播压力以下或管道屈曲到达任何止屈器位置。

Kyriakides 和 Corona 等讨论了在深海管道安装和减压期间,管道内压力为零,管道仅在外部静水压条件下的屈曲压力。E. Chater 等提出了二维圆环理论,将管道视为无限长的圆柱体,研究了管道圆环截面的静力承载压力与变形的关系,将管道截面变形分为 3 个阶段:弹性阶段、塑性变形阶段和管道内壁相碰撞之后的后屈曲阶段。Kyriakides 与其合作者使用三维弹性模型、圆柱壳模型和有限元模型研究了长夹层圆柱壳在外部压力下的屈曲。在他们的分析中,假设屈曲模式是二维的,即不考虑横向剪切效应时,屈曲过程中位移没有轴向分量,径向和环向位移分量没有轴向相关性。陈飞宇等考虑了几何非线性和材料非线性,基于虚功原理建立了管道屈曲压溃的方程。

Zheng 等通过试验验证其建立的 ABAQUS 有限元模型,新的模型改变了之前学者计算压溃时的分析步顺序,达到了更好的结果。Xue 等也利用 ABAQUS 软件对腐蚀管道进行屈曲和屈曲传播分析,考虑了腐蚀段和正常管道的屈曲压力理论解法和有限元模拟解法。有限元建模时,将腐蚀管道简化为非均匀圆环,两者相差不超过 5%,并且屈曲形式相似。为深海管道腐蚀屈曲监测提供了一个方法。

在实际生产作业中,深海管道常含有缺陷,原因有:深海管道生产过程中的残余应力、海洋落物、管道腐蚀等。这些含有缺陷的深海管道,更容易发生屈曲破坏。Błachut 等对 5 根管道做了压痕缺陷处理,分别进行试验,发现弯矩载荷试验的有限元模拟结果和试验结果有偏差,原因是试验过程中的错位。例如凹痕缺陷不完全垂直于管道轴线。Baek 等首次对带有平面凹痕的大直径管道进行了试验和弹塑性有限元模拟,压痕缺陷的施加方式和 Błachut 一致。发现深度为外径 5% 的凹痕不会降低管道的弯曲承载力。Bai 等在完整管道的极限弯曲承载力公式基础上,推导出带有凹痕缺陷的管道计算公式,公式中的变量为凹痕缺陷的角度和位置。Corona 等在研究管道屈曲时,将材料的各向异性考虑进去,通过试验和有限元模拟的方法,发现管道的初始缺陷或者残余应力会造成管道发生非对称性的屈曲,并提出了一种基于虚功原理的弯矩和水压作用下的数值模拟方法。Lei 等建立了三维有限元模型,在数值模拟时选用了褶皱型的初始几何缺陷进行模拟,采用了修正的 R-O 模型,研究了纯弯曲作用下管道的屈曲失稳性能。

Ghazijahani 等开展了 11 组含有凹痕缺陷的深海管道在轴力作用下的极限承载力试验,分别对凹痕缺陷深度、位置、方向都做了敏感性分析,发现凹痕深度对试验结果影响最大且凹痕越靠近样品两端,承载力越小。Zeinoddini 等对 3 根具有不同深度平面凹痕的 X80 管道进行了小尺寸轴向压缩试验,发现极限承载力的所有参数都随着凹痕深度的增加而降低。此外,随着凹痕深度的增加,凹痕两侧开始形成褶皱。

除缺陷之外,深海管道常常受到复杂载荷作用。Yu 等通过试验和数值模拟研究了管道在外压和轴力联合作用下的局部屈曲行为,并继续深入研究不同载荷路径对管道屈曲的影响。通过缩比尺试验舱进行试验,试验结果表明先水压后轴力的加载形式要比先轴力后水压的加载形式更严重。余建星等研究了扭矩和水压共同作用下的管道屈曲以及屈曲传播机理,基于有限元分析得出,当扭矩较小时截面无明显变形,当扭矩接近极限承载力时椭圆度激增,且相比于扭矩作用,外压的影响对管道屈曲变形影响更大。余建星等还讨论了弯矩和水压作用下,深海管道的屈曲破坏问题,基于虚功原理建立了复杂载荷作用下管道的理论模型,并通过有限元验证该理论模型。结果表明,弯矩载荷对管道承压能力的影响主要在截面椭圆度的增大和 Mises 应力这两个方面。Li 等基于二维圆环模型,考虑了几何大变形,计算了初始椭圆度缺陷对不同径厚比管道的压溃压力的影响。此外,加载路径对管道屈曲的影响、地震断层和平移断层等载荷作用下的屈曲失效也被研究。

1.3　屈曲传播及研究现状

管道在发生屈曲变形之后,会沿着管长方向发生屈曲传播现象。目前,对于屈曲传播的研究主要有准静态屈曲传播和动态屈曲传播。

Dyau 等采用三维圆柱壳模型,分析了管道屈曲及传播的过程,得出薄壁管道屈曲传播压力比屈曲压力小半个数量级,并通过试验验证其模型的准确性。

余建星等建立非线性有限元模型,对比分析了准静态分析和动态分析的结果,发现目前整体式止屈器准静态分析方法过于保守,应该考虑更为实际的动态情况。试验显示,管道受水压作用发生屈曲后,其承载能力也会随之大幅度下降,开始时下降幅度几乎是直线下降,当管道椭圆化后由于应变硬化效应,压力承载能力的下降幅度逐渐减小,直到管道的横截面上下端接触时为止,此时成为最终的哑铃形状,能承载的外压也达到最小值。

Gong 等基于准静态分析开展了 SS316 不锈钢材料单层管和双层管试件的局部屈曲失稳、屈曲传播和屈曲穿越整体式止屈器模型试验,对厚壁管的屈曲机理进行分析;使用了改进的 R-O 模型,研究了材料属性和管道参数对屈曲的影响;探究了不同径厚比及不同屈服强度和弹性模量的材料对屈曲结果的影响,推导了管道屈曲传播压力的经验公式;弥补了当时国外规范对单层厚壁管道和双层管屈曲传播压力预测的空白。在现行标准中,插入挪威船级社(Det Norske Veritas, DNV)和美国石油学会(American Petroleum Institute, API)分别给出了径厚比小于 45 的深海管道屈曲传播压力公式,为工程实际提供了标准和参考。

此外, Albernami 等进行了准静态试验和环形挤压试验,根据试验结果和非线性有限元分析法对 Palmer 等提出的屈曲传播压力理论解做了修正,并提出了一种多边形截面的管道,这种管道在径厚比不变的条件下,提高了屈曲压力和屈曲传播压力,可以有效地节省材料降低施工成本。

工程中常用止屈器来阻碍管道屈曲传播的破坏,减少管道失效长度。这种方法具有经济效益高、施工难度低等优点。Johns 等通过试验发现了屈曲传播的现象,并提供了 3 种样式的止屈器,即整体式止屈器、扣入式止屈器和焊接式止屈器。Lee 等针对可滑动的扣入式止屈器做了更深入的研究,在径厚比为 18~35 的条件下进行了多组管道屈曲试验,开发了准静态的三维有限元模型分析,并推导出计算止屈效率的经验公式。Kyriakides 等发现在屈曲穿过止屈器的时候会发生两种形式的穿越,分别是平行穿越和"U 形"穿越。当管道发生平行穿越时,传播压力是穿越压力的下限值;当管道发生"U 形"穿越时,传播压力是穿越压力的上限值。Kyriakides 和 Netto 等开展了一系列动态屈曲传播及屈曲穿越试验,研究在恒定外压作用下管道动态屈曲传播机理。Babcock 等提出了一种螺旋式的止屈器,主要由钢条缠绕钢管制成,该止屈器适于卷筒式铺管过程,并针对螺旋式止屈器进行分析和试验验证,螺旋式止屈器有着和其他止屈器一样的效果。余建星等建立了扣入式止屈器和缠绕式止屈器的联合止屈器模型,讨论了不同组合形式下,对管道屈曲的影响,并提出了一种能应用到实际工程中的排布形式。

扣入式止屈器虽然有着可以移动的优点,但是其和管道之间的缝隙,可能会使止屈器降低止屈效率。而随着焊接技术的不断提升,使整体式止屈器因其余管道无缝相接成为深海管道止屈器的常用选项。Netto 等基于准静态试验结果,拟合出带有整体式止屈器和扣入式止屈器的管道屈曲传播压力以及止屈穿越压力的经验公式;此外还得出了整体式止屈器中,采用钨极氩弧焊(Tungsten Inert Gas,TIG)焊接工艺能减少几何过度和残余应力的影响,避免了 Johns 等提出的焊缝会影响整体式止屈器止屈效率的结论。

马维林等建立了二维管道模型,采用非线性离散弹簧模型来模拟管道外壁与止屈器之间的相互作用,并通过有限元软件验证理论公式的准确性。Park 等对径厚比 21~22.5 的设置有整体式止屈器的深海管道开展试验,分析了止屈效率与长度、厚度的关系,拟合了止屈效率的经验公式。Toscano 等基于材料和几何非线性公式建立了三维有限元模型,通过数值预测与试验结果进行比较,验证了其准确性,并且该模型能有效地模拟管道压溃和屈曲传播过程中的十字穿越。余建星等利用 ABAQUS 弧长法,建立了三维整体式止屈器有限元模型,比较了动态屈曲传播与准静态的不同。颜铠阳等比较了广义弧长法的优缺点之后,采用了静水流体单元法,计算了整体止屈器的穿越压力。李旭等研究了止屈器间距的设计方法。吴梦宁等研究了双整体式止屈器结构的深海管道有限元模型,总结了两个止屈器参数和布置间距对整体屈曲性能的影响,并提出了优化设计。

刘洋等通过 Python 参数化建模三维有限元管道,并完成批量处理,研究了在轴向载荷和侧向压力作用下,止屈器位置对管道屈曲的影响,并提供了一个优化解法。刘源等通过深海水下管道压溃和止屈试验研究了管道屈曲传播,并针对出现的正交屈曲的结果进行了分析,认为正交屈曲的出现是因为初始缺陷椭圆度施加时,在管道下游段产生了一个反向的椭圆度,是这个反向的椭圆度让管道发生了正交屈曲。

1.4　向量式有限元方法研究现状

在管道结构分析中,多数研究者都使用了 ABAQUS、ANSYS 等商业软件或理论数值计算等有限元分析方法进行结构的仿真和计算。上述文献使用的有限元方法,几乎都为传统有限元方法。该方法首先将结构离散为有限个小的子域的集合;其次进行函数差值,建立一个线性差值函数;之后通过集成各个单元的场函数为整体的场函数,列出整体刚度矩阵、力矩阵、位移矩阵等;最后通过能量方程等建立方程组,计算求解。传统有限元几乎可以解决任意几何形状的结构分析问题,对于几何非线性和材料非线性问题都有很好的适配性,并且基于传统式有限元方法开发的软件发展较为成熟,可以充分利用计算机的性能快速处理结构分析问题,所以传统有限元在结构分析中常常占据重要的位置。

近些年,多国学者提出了不同种类的有限元方法,有随机有限元法、超级元法、塑性极限分析法、向量式有限元法。其中向量式有限元方法是由普渡大学 E. C. Ting 教授提出的基于点值描述和向量力学理论的有限元分析方法。该方法和传统有限元方法相比有着诸多不同。向量式有限元方法是一种完整的结构动力和静力分析方法,已应用于许多工程领域。在该方法中,基于结构的物理模型,将其离散为有限个有质量的质点以及连接各个质点之间的无质量的单元的集合。质点的控制方程基于牛顿第二定律可得。控制方程的求解采用中心差分法,这是一种显式积分求解方法,不需要对控制方程进行迭代求解。向量式有限元理论适用于分析结构的大变形、弹塑性等几何、材料非线性问题,特别是弹塑性问题以及碰撞和倒塌问题,能够对结构进行非线性和不连续的力学行为分析。

表 1-1　向量式有限元与传统有限元区别

有限元方法	向量式有限元方法	传统有限元方法
离散结果	质点(内力计算用单元的概念)	单元
计算过程	采用途径单元,便于处理各种不连续问题,计算时可随意增减质点和改变边界条件	需特殊技术处理不连续问题,计算过程中不容易增减单元和改变边界条件
纯变形计算	逆向运动	求导排除刚体位移的间接计算
刚度矩阵	无	有,需将单元刚度矩阵集成得到总体刚度矩阵
基本原理	强形式。每个质点满足牛顿运动定律	弱形式。采用变分原理,结构整体满足

向量式有限元发展初期,多位学者提出了不同的单元类型用来连接质点,并推导出了不同单元类型的节点力计算公式、纯变形等。例如 E. C. Ting 团队提出的薄膜单元、桁架单元、薄壳单元和实体单元等。随着向量式有限元理论和单元的完善,越来越多学者在研究几何非线性、材料非线性的时候都使用向量式有限元作为研究工具。Wu 等开发了三角形常应变薄膜单元和四节点四边形薄膜单元,不仅能解决大挠度问题还能解决整体的大位移问题。

陈楠等基于向量式有限元三维梁单元的基本理论,引入材料弹塑性模型和单元进入塑性的屈曲准则,分析了框架结构和空间格构柱的弹塑性行为。王涛等开发了向量式有限元方法的计算程序,计算了大跨度斜拉桥的非线性振动问题。Duan 等利用向量式有限元方法研究桥梁受地震载荷的弹性和黏性裂纹扩展问题。喻莹等用向量式有限元方法分析了结构碰撞问题。王震等推导了向量式有限元薄壳单元的基本理论,并分析了薄壳结构的碰撞接触等大变形问题。

近年来,向量式有限元理论不断应用于海洋工程领域中, Li 等采用向量式有限元方法对海洋立管的涡激振动问题进行了分析,并与已有论文和试验结果进行对比,证明了向量式有限元方法在分析海洋立管大位移和变形问题的适用性。Gu 等用向量式有限元方法研究了考虑尾流干扰效应的垂直立管碰撞概率问题。Yu 和 Xu 等用向量式有限元梁单元对刚悬链线立管进行动态分析,并结合非线性海床土模型,开发了立管及触底段整体结构的三维模型。将仿真结果与商业软件 Ocraflex 进行了比较,高度相似性证明了向量式有限元方法在非线性海床上模拟刚悬链线立管动态响应的能力。王震等采用向量式有限元实体单元分析结构的非线性行为,推导了四面体实体单元的理论公式,引入了弹塑性本构关系,建立双线性本构模型,并设置增量分析步,由已知的时间步、初应力和应变获得时间步末更新的应力、应变。结果表明,向量式有限元四面体单元在实体结构的大变形等非线性分析中具有优势。王飞等用向量式有限元方法研究了海洋管道触底段的管土相互作用,模拟了三种不同的管土作用模型,并进行对比分析。

Chen 等对海上浮式风机的动态响应进行分析。Zhang 等用向量式有限元方法分析了海上浮式风机的系泊系统动力学模型。黄明哲等采用向量式有限元梁单元,通过 MATLAB 开发软件,对某海洋平台在重力载荷与环境载荷下的工况进行了分析。Hou 等推导了基于向量式有限元理论的八节点六面体单元,得出了该方法在划分较粗精度的单元时,仍具有较高的计算准确性。

Xu 等使用向量式有限元方法,建立了三维模型,研究了 J 型铺管法和 S 型铺管法操作之间管道行为的差异。基于向量式有限元理论,利用 MATLAB 开发了程序代码,分析了不同铺管法引起的载荷对管道的影响。根据铺设结构、轴向张力、弯矩和应力,获得了 S 型和 J 型管道的静态和动态特性,证明了向量式有限元方法应用于深海管道受复杂载荷下的研究是可行的。

李振眠等采用向量式有限元三角形薄壳单元来分析深海管道屈曲行为。基于向量式有限元基本理论推导了考虑材料非线性的空间壳单元计算公式。通过全尺寸深海结构试验对计算结果进行验证,并利用该方法对深海管道屈曲传播压力和传播区域长度进行分析对比,结果表明向量式有限元空间壳单元模型能够较好地模拟管道屈曲和屈曲传播行为。

Wu 等用向量式有限元方法对海洋管道进行了动态和静态分析,根据向量式有限元梁单元建立了海洋管道的三维动力学模型,并且开发了预测柔性立管三维动态行为的仿真程序。研究发现,通过计算立管运动的静止状态,可以获得立管的空间结构和静态内力。并利用该程序模拟 1 000 m 水深下柔性立管的静态和动态行为。Yu 和 Li 等研究了含整体式止屈器和扣入式止屈器的深海管道屈曲行为,采用了向量式有限元数值分析法,并做了 4 根缩比尺试验进行验证,得出向量式有限元方法可以准确模拟管道压溃和屈曲过程。但是对于径厚比大于 20 的厚壁管道来说,向量式有限元方法会低估管道的结构强度。在另一篇文章中,研究了海底埋地管道在断层位移下的屈曲失效,讨论了土壤性质、压力载荷、直径-厚度比和倾角对局部屈曲形成、拉伸应变和横截面变形的影响,优化了海底埋地管道的设计。

Yu 和 Ma 基于向量式有限元推导了四节点四面体实体单元,建立了厚壁管的三维模型,分析了在动态和准静态条件下,深海管道发生屈曲之后,传播到弯管时弯管的压溃模式和压溃机理,并研究了不同参数对弯管处屈曲传播压力的影响。

第 2 章　向量式有限元理论

本章首先介绍了向量式有限元方法的理论,推导了四节点四面体单元的质点运动控制方程、单元纯位移、单元节点内力计算,并总结了向量式有限元的分析步骤,给出了该方法的分析流程图;其次,对于分析深海管道压溃及屈曲变形这种材料非线性问题,根据 Cowper Symonds(C-S)本构模型和 Mises 屈服准则引入了弹塑性增量步的判断,对模型进行弹性计算、屈服判断和弹塑性修正,从而获得模型在大变形下的真实应变和应力;最后,对于管道屈曲过程中的几何非线性和接触非线性问题,通过向量式有限元方法和碰撞检测可以有效解决。

2.1　向量式有限元基本方程

向量式有限元分析方法是参考传统的共转坐标法改良而来的一种基于点值描述和向量力学理论的新型分析方法。该方法以牛顿第二定律为基础原理,通过向量力学的基本概念和向量运算法则,计算质点之间的力、位移、加速度等物理量。向量式有限元求解过程主要分为 4 个部分:①质点运动控制方程;②单元求解变形;③单元内力计算;④控制方程求解。

2.1.1　质点运动控制方程

向量式有限元是将结构离散为有质量的质点和质点间无质量的单元。质点的运动满足平动微分方程

$$m\ddot{x} + \alpha m\dot{x} = F \tag{2-1}$$

式中: m 为质点质量; $\ddot{x}$ 为质点加速度向量; α 为阻尼参数; $\dot{x}$ 为质点速度向量; F 为质点合力向量。

合力向量

$$F = f_{out} + f_{in} \tag{2-2}$$

式中: f_{out}、f_{in} 分别为质点外力向量和内力向量。

在每个时间步内,利用中央差分法将式(2-1)转化为差分形式进行数值求解。中央差分法的基本思路是用有限差分代替位移对时间的求导,将位移方程中的速度与加速度用位移的某种组合表示,然后将常微分方程组的求解问题转化为代数方程组的求解问题,并假设在每个小的时间间隔内满足运动方程,则可以求得每个时间间隔的递推公式,进而求得每个时程的反应。在中央差分法中,速度与加速度可以用位移表示如下。

$$\ddot{x} = \frac{1}{\Delta t^2}(x_{t-\Delta t} - 2x_t + x_{t+\Delta t}) \tag{2-3}$$

$$\dot{x} = \frac{1}{2\Delta t}(-x_{t-\Delta t} + x_{t+\Delta t}) \tag{2-4}$$

式中：$x_{t+\Delta t}$、x_t、$x_{t-\Delta t}$ 分别为下一时间步、本时间步、上一时间步的位移向量。通过已知的 x_t、$x_{t-\Delta t}$，使用中央差分法对数值进行求解，可以获得时间末时刻质点新位置的具体求解过程如下：

$$\begin{cases} x_{t+\Delta t} = \dfrac{c_1 \Delta t^2}{m} F + 2c_1 x_t - c_2 x_{t-\Delta t} & \text{连续时} \\[3mm] x_{t+\Delta t} = \dfrac{1}{1+c_2}\left(\dfrac{c_1 \Delta t^2}{m} F + 2c_1 x_t + 2c_2 \dot{x}_t \Delta t \right) & \text{不连续时} \end{cases} \tag{2-5}$$

式中：Δt 为时间步长；$c_1 = \dfrac{1}{1+0.5\alpha\Delta t}$，$c_2 = c_1(1-0.5\alpha\Delta t)$，其中 α 为结构阻尼参数，但并不是传统意义上的结构固有属性，而是在引入这个算法后，需要加上的阻尼项，一般来说，使用向量式有限元方法可以取 α 的值为 1~10 即可。

2.1.2　单元纯位移计算

由中央差分法获得质点位移后，想要计算单元内力，需要知道单元的纯位移。采用逆向运动方法，将总位移减去刚体位移（包含单元平动位移和转动位移），以获得单元节点纯位移。图 2-1 所示为四面体单元的参考平面示意图，取 123 面为参考平面，参考平面 123 的刚体位移就是整个单元的钢体位移。

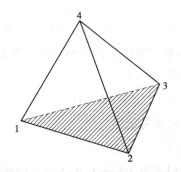

图 2-1　四节点四面体单元参考平面

参考平面 123 在 t_0~t_1 时段的空间运动有刚体平移、刚体转动（平面外和平面内）和纯位移，具体推导过程与王震的类似。刚体平面以参考平面 123 的节点 1 为参考点，其总位移量为 u_1，则各质点扣除平移后的相对位移为

$$\begin{cases} \Delta \eta_1 = (0 \quad 0 \quad 0)^T \\ \Delta \eta_i = u_i - u_1 \quad (i=2,3,4) \end{cases} \tag{2-6}$$

刚体转动以参考平面 123 进行计算，包括平面外转动位移和平面内转动位移。质点 i（i 取 2,3,4）的平面外逆向刚体转动位移为

$$\begin{cases} \Delta \eta_{1,R_{\mathrm{OP}}} = (0 \quad 0 \quad 0)^T \\ \Delta \eta_{i,R_{\mathrm{OP}}} = [R_{\mathrm{OP}}^T(-\theta_1) - I] r_{1i}'' = R_{\mathrm{OP}}^*(-\theta_1) r_{1i}'' \quad (i=2,3,4) \end{cases} \tag{2-7}$$

式中：θ_1 为平面外转角；$R_{\mathrm{OP}}^T(-\theta_1)$ 为向量面外转动矩阵；$R_{\mathrm{OP}}^*(-\theta_1)$ 为平面外逆向转动矩阵；r_{1i}''

为扣除刚体平移后单元的边向量。

$$r_{1i}'' = u_i'' - u_1'' \tag{2-8}$$

式中：u_i'' 为扣除刚体平移后的节点位移。

质点 $i(\,i=1,2,3,4\,)$ 的平面内逆向刚体转动位移

$$\begin{cases} \Delta\boldsymbol{\eta}_{1,R_{\mathrm{IP}}} = (0 \quad 0 \quad 0)^{\mathrm{T}} \\ \Delta\boldsymbol{\eta}_{i,R_{\mathrm{IP}}} = [\boldsymbol{R}_{\mathrm{IP}}^{\mathrm{T}}(-\theta_2) - \boldsymbol{I}]r_{1i}''' = \boldsymbol{R}_{\mathrm{IP}}^{*}(-\theta_2)r_{1i}''' \quad (i=2,3,4) \end{cases} \tag{2-9}$$

式中：θ_2 为平面内转角；$\boldsymbol{R}_{\mathrm{IP}}^{\mathrm{T}}(-\theta_2)$ 为向量面内转动矩阵；$\boldsymbol{R}_{\mathrm{IP}}^{*}(-\theta_2)$ 为平面内逆向转动矩阵；r_{1i}''' 为扣除刚体平移和面外转动后单元的边向量，即

$$r_{1i}''' = u_i''' - u_1''' = u_i'' - u_1'' + \Delta\boldsymbol{\eta}_{i,R_{\mathrm{OP}}} \tag{2-10}$$

其中，u_i''' 为扣除刚体平移和面外转动后单元的节点位移。

经过上述推导，得到了单元的刚体平动位移、面外刚体转动位移和面内刚体转动位移，最后通过逆运动，得到单元质点的纯位移为

$$\begin{cases} \Delta\boldsymbol{\eta}_{1,\mathrm{d}} = (0 \quad 0 \quad 0)^{\mathrm{T}} \\ \Delta\boldsymbol{\eta}_{i,\mathrm{d}} = (u_i - u_1) + \Delta\boldsymbol{\eta}_{i,R_{\mathrm{OP}}} + \Delta\boldsymbol{\eta}_{i,R_{\mathrm{IP}}} \quad (i=2,3,4) \end{cases} \tag{2-11}$$

2.1.3　单元节点内力计算

单元节点内力计算需要使用单元局部坐标，首先引入单元变形坐标系，定义参考点 1 和参考平面 123 为局部坐标系的原点和 $\hat{x}\hat{y}$ 面，$\hat{x}$ 轴的方向为参考平面的 12 边方向，则节点 1 单元变形坐标为 $(0,0,0)$。引入 $\hat{\boldsymbol{Q}}$ 为整体坐标系和单元变形坐标系之间的转换矩阵，则单元质点的纯位移转化为变形坐标系，即

$$\hat{\boldsymbol{u}}_i = \hat{\boldsymbol{Q}}\Delta\boldsymbol{\eta}_{i,\mathrm{d}} = (\hat{u}_i \quad \hat{v}_i \quad \hat{w}_i)^{\mathrm{T}} \quad (i=1,2,3,4) \tag{2-12}$$

则四面体单元节点位移的组合向量可记为

$$\hat{\boldsymbol{u}}_0 = (\hat{\boldsymbol{u}}_1^{\mathrm{T}} \quad \hat{\boldsymbol{u}}_2^{\mathrm{T}} \quad \hat{\boldsymbol{u}}_3^{\mathrm{T}} \quad \hat{\boldsymbol{u}}_4^{\mathrm{T}})^{\mathrm{T}} \tag{2-13}$$

引入四节点四面体常用的形函数 $N_i(\,i=1,2,3,4\,)$，四面体中任意一个点的位移都可以由形函数结合 4 个节点来表示。单元内任意位置的变形量向量如下：

$$\hat{\boldsymbol{u}} = N_1\hat{\boldsymbol{u}}_1 + N_2\hat{\boldsymbol{u}}_2 + N_3\hat{\boldsymbol{u}}_3 + N_4\hat{\boldsymbol{u}}_4 \tag{2-14}$$

$$N_i = \frac{1}{6V}(a_i + b_i u + c_i v + d_i w) \quad (i=1,2,3,4) \tag{2-15}$$

式中：V 为四面体单元体积，可以通过四面体四节点的坐标运用矩阵计算得到，

$$V = 1/6 \times \det \begin{pmatrix} 1 & 1 & 1 & 1 \\ u_1 & u_2 & u_3 & u_4 \\ v_1 & v_2 & v_3 & v_4 \\ w_1 & w_2 & w_3 & w_4 \end{pmatrix} \tag{2-16}$$

a_i、b_i、c_i、d_i 的公式如下。

$$
\begin{cases}
a_i = \begin{vmatrix} u_2 & u_3 & u_4 \\ v_2 & v_3 & v_4 \\ w_2 & w_3 & w_4 \end{vmatrix} \\[18pt]
b_i = \begin{vmatrix} 1 & 1 & 1 \\ v_1 & v_3 & v_4 \\ w_1 & w_3 & w_4 \end{vmatrix} \\[18pt]
c_i = \begin{vmatrix} 1 & 1 & 1 \\ u_1 & u_2 & u_4 \\ w_1 & w_2 & w_4 \end{vmatrix} \\[18pt]
d_i = \begin{vmatrix} 1 & 1 & 1 \\ u_1 & u_2 & u_3 \\ v_1 & v_2 & v_3 \end{vmatrix}
\end{cases}
\tag{2-17}
$$

有了单元内任意位置的位移量,可以通过构建几何方程得到单元内任意位置的应变量。单元应变分布向量

$$
\Delta\hat{\varepsilon} = \boldsymbol{B}\hat{\boldsymbol{u}}_0
\tag{2-18}
$$

式中:$\boldsymbol{B}$ 为四节点四面体单元的应力-应变关系矩阵。将位移场表示为形状函数矩阵和节点位移矩阵的乘积,故单元内任意一点的位移矩阵

$$
\boldsymbol{u} = \begin{pmatrix} u \\ v \\ w \end{pmatrix} = \begin{pmatrix} N_1 & N_2 & N_3 & N_4 \end{pmatrix}\hat{\boldsymbol{u}} = \boldsymbol{N}\hat{\boldsymbol{u}}
\tag{2-19}
$$

根据弹性力学知识,将式(2-19)代入几何方程式 $\boldsymbol{\varepsilon} = \boldsymbol{L}^{\mathrm{T}}\boldsymbol{u}$ 可得

$$
\boldsymbol{\varepsilon} = \boldsymbol{L}^{\mathrm{T}}\boldsymbol{u} = \boldsymbol{L}^{\mathrm{T}}\boldsymbol{N}\hat{\boldsymbol{u}} = \boldsymbol{B}\hat{\boldsymbol{u}} = \begin{pmatrix} \boldsymbol{B}_1 & -\boldsymbol{B}_2 & \boldsymbol{B}_3 & -\boldsymbol{B}_4 \end{pmatrix}\hat{\boldsymbol{u}}
\tag{2-20}
$$

式中:$\boldsymbol{B}$ 为一个 6×12 的矩阵,由偏导数矩阵和形函数矩阵相乘得到,$\boldsymbol{B} = \boldsymbol{L}^{\mathrm{T}}\boldsymbol{N}$;$\boldsymbol{B}_i$ 为 6×3 的矩阵,

$$
\boldsymbol{B}_i = \boldsymbol{L}^{\mathrm{T}}N_i = \frac{1}{6V}\begin{pmatrix} b_i & 0 & 0 \\ 0 & c_i & 0 \\ 0 & 0 & d_i \\ 0 & d_i & c_i \\ d_i & 0 & b_i \\ c_i & b_i & 0 \end{pmatrix} \quad (i=1,2,3,4)
\tag{2-21}
$$

上式表明几何矩阵 $\boldsymbol{B}$ 中的元素都是常量,因此单元中的应变也都是常量。故采用线性位移模式的四面体单元是常应变单元。应变场得到后,根据应力-应变方程,求出应力场。由弹性力学本构关系 $\boldsymbol{\sigma} = \boldsymbol{D}\boldsymbol{\varepsilon}$ 可得应力矩阵

$$
\Delta\hat{\boldsymbol{\sigma}} = \boldsymbol{D}\Delta\hat{\boldsymbol{\varepsilon}}
\tag{2-22}
$$

式中:$\boldsymbol{D}$ 为材料本构矩阵(弹性或弹塑性);$\Delta\hat{\boldsymbol{\sigma}} = \begin{pmatrix} \Delta\hat{\sigma}_u & \Delta\hat{\sigma}_v & \Delta\hat{\sigma}_w & \Delta\hat{\tau}_{uv} & \Delta\hat{\tau}_{vw} & \Delta\hat{\tau}_{wu} \end{pmatrix}^{\mathrm{T}}$;在考虑线弹性的情况下,$\boldsymbol{D}$ 可表示为

$$\boldsymbol{D} = \frac{E(1-v)}{(1+v)(1-2v)} \begin{pmatrix} 1 & \dfrac{v}{1-v} & \dfrac{v}{1-v} & 0 & 0 & 0 \\[3mm] \dfrac{v}{1-v} & 1 & \dfrac{v}{1-v} & 0 & 0 & 0 \\[3mm] \dfrac{v}{1-v} & \dfrac{v}{1-v} & 1 & 0 & 0 & 0 \\[3mm] 0 & 0 & 0 & \dfrac{1-2v}{2(1-v)} & 0 & 0 \\[3mm] 0 & 0 & 0 & 0 & \dfrac{1-2v}{2(1-v)} & 0 \\[3mm] 0 & 0 & 0 & 0 & 0 & \dfrac{1-2v}{2(1-v)} \end{pmatrix} \quad (2\text{-}23)$$

至此,应力矩阵、应变矩阵、位移矩阵都已经得到,通过虚功原理可以求解单元节点内力。首先,单元变形满足的虚功方程为

$$\sum_i \delta\left(\Delta\boldsymbol{\eta}_{i,\mathrm{d}}\right)^{\mathrm{T}} \boldsymbol{f}_i = \int_V \delta(\Delta\boldsymbol{\varepsilon})^{\mathrm{T}} \boldsymbol{\sigma}\mathrm{d}V \quad (2\text{-}24)$$

式中:δ 为变分符号;$\boldsymbol{\varepsilon}$ 为应变;$\boldsymbol{\sigma}$ 为应力;$\boldsymbol{f}_i$ 为节点 i 的受力。

根据所得单元应力矩阵和应变矩阵,单元变形虚功

$$\delta U = \int_V \delta(\Delta\hat{\boldsymbol{\varepsilon}})^{\mathrm{T}}\left(\hat{\boldsymbol{\sigma}}_0 + \Delta\hat{\boldsymbol{\sigma}}\right)\mathrm{d}V = (\delta\hat{\boldsymbol{u}})^{\mathrm{T}} \times \left\{ \int_V (\boldsymbol{B})^{\mathrm{T}} \hat{\boldsymbol{\sigma}}_0 \mathrm{d}V + \left[\int_V (\boldsymbol{B})^{\mathrm{T}} \boldsymbol{DB}\mathrm{d}V\right]\hat{\boldsymbol{u}} \right\} \quad (2\text{-}25)$$

式中:$\hat{\boldsymbol{\sigma}}_0$ 为单元的初始应力。结合式(2-24)和式(2-25)可以得出单元节点内力向量

$$\hat{\boldsymbol{f}} = \int_V (\boldsymbol{B})^{\mathrm{T}} \hat{\boldsymbol{\sigma}}_0 \mathrm{d}V + \left[\int_V (\boldsymbol{B})^{\mathrm{T}} \boldsymbol{DB}\mathrm{d}V\right]\hat{\boldsymbol{u}} \quad (2\text{-}26)$$

因为上述分析都是基于单元变形坐标系下的推算,由于节点 1 是参考点,在单元坐标系下的变形为 0,故其内力在节点 1 上所做的虚功为 0。因此节点 2、3、4 的内力可以由式(2-26)得到,节点 1 处的节点内力可以根据单元静力平衡可以得到。对于四面体单元来说,整个单元的质量集中在节点上,单元本身没有质量,所以单元所受的质点合力为 0。节点 1 的计算如下:

$$\begin{cases} \sum \hat{\boldsymbol{F}} = \boldsymbol{0} \\ \hat{\boldsymbol{f}}_1 = -\left(\hat{\boldsymbol{f}}_2 + \hat{\boldsymbol{f}}_3 + \hat{\boldsymbol{f}}_4\right) \end{cases} \quad (2\text{-}27)$$

式(2-26)和式(2-27)所得为单元变形坐标系下的单元节点内力分量,需要通过转化矩阵转换为整体坐标系下的节点内力,然后才能进行计算。任意时刻整体坐标系下节点内力

$$\boldsymbol{f}_i = \left(\boldsymbol{R}_{\mathrm{IP}}\boldsymbol{R}_{\mathrm{OP}}\right)\hat{\boldsymbol{Q}}^{\mathrm{T}} \hat{\boldsymbol{f}}_i \quad (i = 1, 2, 3, 4) \quad (2\text{-}28)$$

式中:$\boldsymbol{R}_{\mathrm{OP}}$、$\boldsymbol{R}_{\mathrm{IP}}$ 分别为平面外、内的正向转动矩阵。

以上所得 $\boldsymbol{f}_i$ 为四面体单元发生纯位移所对应的节点 i 的内力,反向作用于质点 i 上即得到四面体单元传给质点的内力 $\boldsymbol{f}_{i,\mathrm{in}}$。对于一个质点 i($i=1,2,3,4$)来说,有多个单元包含这个质点,所以需要求出每个单元对这个质点的内力,然后通过内力集成,得到质点的内力合力

f_{in}，同理得到质量合力 m，即

$$\begin{cases} f_{\text{in}} = \sum_{i=1}^{N} f_{i,\text{in}} \\ m = \sum_{i=1}^{N} m_i \end{cases} \tag{2-29}$$

式中：N 为与质点相连的单元个数；m_i 为质点相邻的 i 个单元施加在这一质点的质量分量。至此节点内力的计算及集成已经完成，接下来应该求出节点外力以及外力集成，从而带入式（2-5）进行计算。

节点外力根据受力对象不同，将其分为体积力和面力，首先考虑体积力，体积力在结构当中主要体现为重力。设体积力 $p_v = (p_u \quad p_v \quad p_w)^{\text{T}}$，根据虚位移原理，体积力做的功和等效到节点力做的功应该相等，所以

$$uf_v^p = u \iiint_{V^p} N^{\text{T}} p_v \mathrm{d}V^p \tag{2-30}$$

则体积力的等效节点力

$$f_v^p = \iiint_{V^p} N^{\text{T}} p_v \mathrm{d}V^p \tag{2-31}$$

式中：f_v^p 为体积力等效到节点 v 的节点力；V^p 为体积力作用区域；p_v 为单元所受体积力。

考虑重力等体积力，每个节点受到的体积力

$$f_{Vi} = -\iiint_{V^p} \rho g N_i \mathrm{d}V^p = -\frac{1}{4}\rho g V = -\frac{1}{4}G \quad (i = 1,2,3,4) \tag{2-32}$$

式中：ρ 为材料密度。

所以每个节点所受的体积力就是将重力平均分配到四个节点上。对于面力来说，设 p_s 为单元所受到的面力，$p_s = (p_u \quad p_v \quad p_w)^{\text{T}}$，面力作用到四面体单元的任意一个面上，根据虚位移原理有

$$uf_s^p = u \iint_{S^p} N^{\text{T}} p_s \mathrm{d}S^p \tag{2-33}$$

所以，四面体单元面力的等效节点力

$$f_s^p = \iint_{S^p} N^{\text{T}} p_s \mathrm{d}S^p \tag{2-34}$$

式中：S^p 为面力作用区域。

假设单元的 123 面受到面载荷，则根据式（2-34），该面等效到节点的力

$$f_{si} = \iint_{\Delta_{123}} N_1 (N_1 p_{s1} + N_2 p_{s2} + N_3 p_{s3}) \mathrm{d}A \quad (i = 1,2,3) \tag{2-35}$$

对于面内的积分，这里可以采用对面 123 上的点取体积坐标进行积分，得

$$f_{si} = \frac{1}{6}\left(p_{si} + \frac{1}{2} p_{sj} + \frac{1}{2} p_{sm} \right) \Delta_{123} \quad (i = 1,2,3) \tag{2-36}$$

式中：Δ_{123} 为面 123 的面积；(i,j,m) 为（1,2,3）按顺序轮换。

最后通过节点内力和外力合成，带入式（2-5），求出时间步末尾时刻节点的位移，至此

完成了一个时间步内的求解,按照相同方法进行所有时间步的求解,计算流程如图 2-2 所示。计算完成后,得到所有节点的位移和应力变化,便可以知道结构整体的位移和应力变化。

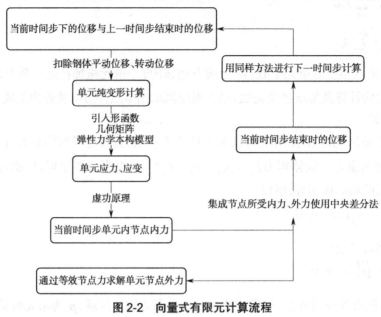

图 2-2　向量式有限元计算流程

2.2　非线性理论

深海管道的压溃及屈曲传播过程涉及几何非线性、材料非线性,接触非线性等问题。本小节通过向量式有限元方法和引入弹塑性增量步理论以及碰撞检测来解决上述非线性问题。

2.2.1　几何非线性问题

几何非线性是指结构的挠度足够大,使得刚度不再符合线性关系。通过 2.1 小节的介绍, 我们可以发现向量式有限元方法计算了每个有质量的节点的位移、应力、应变。所以在单元划分比较细的情况下,在这一时间步内,结构的变形可以通过每一个质点的位移变化体现出来。当采取比较小的时间步分析时,每个时间步内结构的变形都属于小变形,通过时间步的集合以及节点位移变形的叠加,可以准确地计算出整个结构的大变形。同时,在这里也要注意时间步的选取不宜过大,否则将会出现在某个时间步变形过大,结果过于发散。

2.2.2　材料非线性问题

引入弹塑性增量步方法来解决材料非线性问题。在一个时间步内,通过四节点四面体单元节点纯位移计算可以得到节点的应变和位移,通过弹塑性增量步方法求得这个时间步末尾时刻的应力。

在进行弹塑性增量步分析前,首先要确定本构模型以及屈服准则。选取 C-S 模型和 Mises 屈服准则,因为时间步较小时,每个时间步内材料的本构模型可以近似为一条直线。

故简化 C-S 模型后,材料的本构方程为

$$\sigma_{\mathrm{d}} = \sigma_0 + E_{\mathrm{p}}\bar{\varepsilon}_{\mathrm{p}} \tag{2-37}$$

式中:σ_{d} 为动态屈服应力;σ_0 为静态屈服应力;E_{p} 为塑性硬化指标;$\bar{\varepsilon}_{\mathrm{p}}$ 为等效塑性应变。

$$E_{\mathrm{p}} = \frac{E_t E}{E - E_t} \tag{2-38}$$

式中:E_t 为切线模量;E 为弹性模量。

$$\bar{\varepsilon}_{\mathrm{p}} = \sqrt{\frac{2}{3}\varepsilon_{ij}^{\mathrm{p}}\varepsilon_{ij}^{\mathrm{p}}} \tag{2-39}$$

式中:$\varepsilon_{ij}^{\mathrm{p}}$ 为塑性应变张量。

根据 Mises 屈服准则,屈服函数

$$\phi = \bar{\sigma} - \sigma_{\mathrm{d}} = 0 \tag{2-40}$$

式中:$\bar{\sigma}$ 为等效 von Mises 应力,$\bar{\sigma} = \sqrt{\frac{3}{2}s_{ij}s_{ij}} = \sqrt{\frac{3}{2}\left(\sigma_{ij} - \delta_{ij}\sigma_{\mathrm{m}}\right)\left(\sigma_{ij} - \delta_{ij}\sigma_{\mathrm{m}}\right)}$,其中 δ_{ij} 为克罗内克函数,s_{ij} 为偏斜应力张量分量,$s_{ij} = \sigma_{ij} - f_{ij}\sigma_{\mathrm{m}}$,$\sigma_{ij}$ 为应力张量,σ_{m} 是平均正应力,$\sigma_{\mathrm{m}} = \left(\sigma_{11} + \sigma_{22} + \sigma_{33}\right)/3$;$\sigma_{\mathrm{d}}$ 为动态屈服应力。

求解过程主要分为以下几个步骤:①假定为弹性步,预测时间步末应力、应变值;②判断该时间步为弹性增量步还是塑性增量步;③进行弹塑性增量步修正;④完成应力、应变状态更新。每个时间步往复循环上述四个步骤,即可得到每个时间步节点的应力大小。

1. 假定弹性增量步计算

假设这个时间步内,材料处于弹性阶段。那么时间步末端 $t + \Delta t$ 时刻的应力

$$''\sigma^{t+\Delta t} = \sigma^t + \boldsymbol{D}\Delta\hat{\varepsilon} \tag{2-41}$$

式中:$''\sigma^{t+\Delta t}$ 为预测的时间步末端应力值;σ^t 为时间步初始应力值;弹性矩阵 $\boldsymbol{D}$ 见式(2-23)。

2. 塑性增量步判断

将 $''\sigma^{t+\Delta t}$ 带入屈服函数式(2-40)中,得

$$''\phi^{t+\Delta t} = \sqrt{\frac{3}{2}s_{ij}^{t+\Delta t}s_{ij}^{t+\Delta t}} - \left(\sigma^t + \boldsymbol{D}\Delta\hat{\varepsilon}\right) \tag{2-42}$$

通过上式可以计算得到 $''\phi^{t+\Delta t}$,通过 $''\phi^{t+\Delta t}$ 可以判断该时间步在哪个区间之内。

当 $''\phi^{t+\Delta t} \leqslant 0$,该时间步为弹性增量步时,那么此时间步为材料弹性加载阶段或者为材料由塑性转变为弹性的卸载阶段。

当 $''\phi^{t+\Delta t} > 0$ 且上一时间步的屈服函数小于 0 时,那么此时间步既有弹性步也有塑性步,为到达屈服点左右的加载阶段或卸载的临界点。

当 $''\phi^{t+\Delta t} > 0$ 且上一时间步的屈服函数等于 0 时,那么当前时间步为材料塑性变形阶段(包括加载和卸载)。

3. 弹塑性增量步修正

当 $''\phi^{t+\Delta t} \leqslant 0$,该时间步为弹性增量步时,不需要进行弹塑性增量步修正,$''\sigma^{t+\Delta t}$ 就是该

时间步末尾时刻的应力值。

当 $''\phi^{t+\Delta t}>0$，该时间步为塑性增量步时，需要进行弹塑性增量步修正。

该步骤为根据法向流动法则和动态 von Mises 屈服准则，求解获得塑性流动因子增量 $\Delta\lambda$。首先 $\Delta\lambda$ 需要满足法向流动法则，即有

$$\mathrm{d}\varepsilon_{ij}^{p}=\mathrm{d}\lambda\frac{\partial\phi}{\partial\sigma_{ij}}\qquad(2\text{-}43)$$

式中：λ 为法向流动准则中的系数。

参考王震等的推导方法，有

$$\bar{\sigma}^{t+\Delta t}=''\bar{\sigma}^{t+\Delta t}-3G\Delta\lambda\qquad(2\text{-}44)$$

式中：G 为剪切模量。

依据强化准则，又有

$$\sigma_{d}^{t+\Delta t}=\sigma_{0}+E_{p}\left(\bar{\varepsilon}_{p}^{t}+\Delta\lambda\right)\qquad(2\text{-}45)$$

式中：$\bar{\varepsilon}_{p}$ 为等效塑性应变；E_{p} 为塑性模量；σ_{0} 为初始屈服应力。

塑性步内，一点的应力状态应位于屈服面上，即满足屈服条件方程，带入式（2-40）可以得到：

$$\phi^{t+\Delta t}=\bar{\sigma}^{t+\Delta t}-\sigma_{d}^{t+\Delta t}=\left(''\bar{\sigma}^{t+\Delta t}-3G\Delta\lambda\right)-\left[\sigma_{0}+E_{p}\left(\bar{\varepsilon}_{p}^{t}+\Delta\lambda\right)\right]=0\qquad(2\text{-}46)$$

由式（2-46）可得

$$\Delta\lambda=\frac{''\sigma^{t+\Delta t}-\sigma_{d}^{t}}{3G+E_{p}}\qquad(2\text{-}47)$$

其中，

$$\sigma_{d}^{t}=\sigma_{0}+E_{p}\bar{\varepsilon}_{p}^{t}\qquad(2\text{-}48)$$

4. 应力、应变更新

若为弹性增量步，则真实应力即为预测应力，表达式为

$$\sigma^{t+\Delta t}=''\sigma^{t+\Delta t}\qquad(2\text{-}49)$$

若为塑性增量步，则进行以下应力、应变更新。

计算 $t+\Delta t$ 时刻的等效塑性应变：

$$\bar{\varepsilon}_{p}^{t+\Delta t}=\bar{\varepsilon}_{p}^{t}+\Delta\lambda\qquad(2\text{-}50)$$

计算 $t+\Delta t$ 时刻的屈服应力

$$\sigma_{d}^{t+\Delta t}=\sigma_{0}+E_{p}\left(\bar{\varepsilon}_{p}^{t}+\Delta\lambda\right)=\sigma_{d}^{t}+E_{p}\Delta\lambda\qquad(2\text{-}51)$$

计算 $t+\Delta t$ 时刻的 von Mises 等效应力

$$\bar{\sigma}^{t+\Delta t}=''\bar{\sigma}^{t+\Delta t}-3G\Delta\lambda\qquad(2\text{-}52)$$

计算 $t+\Delta t$ 时刻的偏应力分量

$$s_{ij}^{t+\Delta t}=\frac{''s_{ij}^{t+\Delta t}}{1+\dfrac{3G\Delta\lambda}{\bar{\sigma}^{t+\Delta t}}}\qquad(2\text{-}53)$$

依据 s_{ij} 再次计算 $\bar{\sigma}^{t+\Delta t}$，以减小计算误差

$$\bar{\sigma}^{t+\Delta t} = \sqrt{\frac{3}{2}{}''s_{ij}^{t+\Delta t}\,{}''s_{ij}^{t+\Delta t}} \tag{2-54}$$

计算 $t+\Delta t$ 时刻的实际应力

$$\sigma^{t+\Delta t} = {}''\sigma^{t+\Delta t} - 3G\Delta\lambda\frac{s^{t+\Delta t}}{\bar{\sigma}^{t+\Delta t}} \tag{2-55}$$

至此完成了一个时间步内的节点应力计算,按照相同方法进行所有时间步的求解,计算流程如图 2-3 所示。当时间步划分的比较小时,所有计算完成后,得到所有节点在每个时间步内的应力变化。

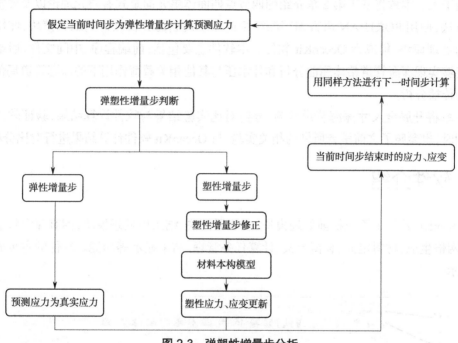

图 2-3　弹塑性增量步分析

2.2.3　接触非线性

在管道压溃及屈曲过程中,管道内表面会产生接触和碰撞,在自接触问题中,可以简化为内壁与一个假定的固定刚性面之间的碰撞。通常选用管道的对称面作为这个刚性面,自接触问题也就简化为管道质点与刚性对称面的碰撞问题。

通过向量式有限元理论得到单元节点的纯位移之后,计算质点位置与刚性面的几何关系。因为刚性面是管道的几何对称面,所以质点到刚性面的距离就是刚性面法向方向的坐标值 x_n^t,所以只需要判断 x_n 的正负就可以得到质点是否和刚性面发生了碰撞。

当 $x_n^t > 0$,$x_n^{t+\Delta t} > 0$ 时,质点与刚性面未发生接触。

当 $x_n^t > 0$,$x_n^{t+\Delta t} \leq 0$ 及 $x_n^t \leq 0$,$x_n^{t+\Delta t} \leq 0$ 时,质点正在与刚性面发生接触或已经发生接触,此时需要进行接触位移的修正,这里参考王震等采用的罚函数法计算接触位移修正量 δ,则 $u_i^{t+\Delta t} = {}'u_i^{t+\Delta t} + \delta$,完成质点的接触位移修正。

第 3 章　OceanKit 软件介绍及全尺寸深海管道试验

目前国内在研究管道压溃及屈曲等问题时,常采用国外商业软件进行计算,软件核心技术受制于人。本章将基于第 2 章介绍的四节点四面体单元向量式有限元理论以及弹塑性增量步方法,使用 FORTRAN 语言编写深海管道压溃及屈曲分析软件的求解模块,使用 C++ 开发前处理模块,集成为 OceanKit 软件。本软件主要包括:前端程序、中间文件、后端求解器。能够实现深海管道整体屈曲分析和外水压与其他相关载荷作用下的深海管道局部压溃和屈曲传播分析。

本章将开展全尺寸深海管道试验,分析对比实验结果与软件计算结果,验证软件的精度。同时,也参照了之前学者所做的相关实验,与 OceanKit 软件计算结果进行对比分析。

3.1　软件介绍

OceanKit 软件主要包括前处理模块、求解器模块、结果后处理模块,拥有深海管道结构建模、网格生成、材料定义、载荷定义、计算任务管理、结果显示等功能。软件的主页面如图 3-1 所示。

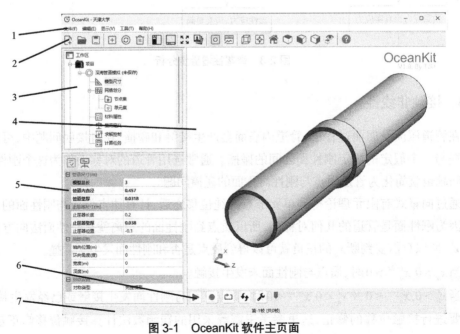

图 3-1　OceanKit 软件主页面

1—菜单栏;2—工具栏;3—工作区;4—显示区;5—属性区;6—动画区;7—状态栏

OceanKit 的主页面主要包括以下功能。

（1）菜单栏：OceanKit 的主要菜单。

（2）工具栏：与部分菜单项对应的工具。

（3）工作区：显示项目和模型数据，以及它们的包含关系。

（4）显示区：对模型进行三维展示，也包括一些模型信息，如坐标方向、模型边界等，也可切换为曲线模式窗口。

（5）属性区：在工作区设定了特定的项之后，如果被选择的项有可设置的选项，在设置区会出现对应的设置名称和值，并可以在这里完成相应的设置。

（6）动画区：这里主要控制包含多时间步数据的模型的动画显示播放。

（7）状态栏：主要显示文件处理的状态信息、当前时间信息以及其他临时信息。

接下来对软件的 3 个主要模块进行介绍。

3.1.1　前处理模块

前处理模块的主要功能包括对管道的参数化建模、网格划分、材料属性定义、载荷和约束的施加等。

本软件采用参数化建模方法对管道进行建模，程序读取所输入的数据（图 3-2（a）），然后在显示区生成响应参数的模型，如图 3-2（b）所示。管道模型的主要参数包括：模型总长、管道内直径、壁厚，止屈器的位置、长度、壁厚，以及缺陷的长度、深度等。

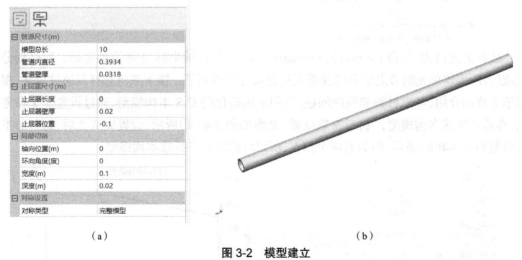

（a）　　　　　　　　　　　　　　　　　（b）

图 3-2　模型建立

（a）"参数化建模"页面　（b）模型

管道整体建模完成后，开始进行网格划分，网格划分采用映射网格划分法，"网格参数属性"页面如图 3-3（a）所示，通过控制管道轴向、环向、径向网格个数，来改变网格数量和大小。此外，在进行网格划分时还能设置管道的初始椭圆度，生成带有椭圆度的网格。生成的模型网格如图 3-3（b）所示。

（a）　　　　　　　　　　　　　　　（b）

图 3-3　网格划分

（a）"网格参数属性"页面　（b）模型网格

这里是直接生成了带有椭圆度的管道网格和节点,当椭圆的椭圆度为 Δ,长轴为 a,短轴为 b,标准外径为 D_0 时,根据椭圆度公式 $\Delta = (2a - 2b)/D_0 \times 100\%$ 可以解得

$$\begin{cases} a = \left(1 + \dfrac{\Delta}{2}\right)\dfrac{D_0}{2} \\[2mm] b = \left(1 - \dfrac{\Delta}{2}\right)\dfrac{D_0}{2} \end{cases} \tag{3-1}$$

根据椭圆的标准化方程化极坐标方程可得

$$r = \frac{ab}{\sqrt{b^2 \cos^2 \theta + a^2 \sin^2 \theta}} \tag{3-2}$$

结合上述两式,可得 $y = r\sin\theta, z = r\cos\theta$,其中 y 是长轴坐标,z 是短轴坐标。网格划分完成后,四面体单元的节点信息以及单元信息就可以得到了。接下来进行材料属性定义,根据第 2 章的介绍,考虑材料非线性问题,我们采用简化的 C-S 本构模型,通过设置 3 个参考点,构建三折线本构模型,"材料参数设置"页面如图 3-4（a）所示,设置完成之后,材料的本构模型如图 3-4（b）所示,因为有两个拐点,所以可称之为三折线本构模型。

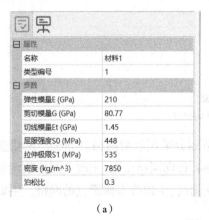

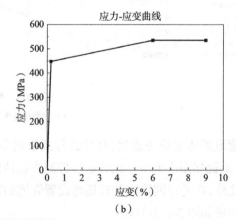

（a）　　　　　　　　　　　　　　（b）

图 3-4　设置材料属性

（a）"材料参数设置"页面　（b）三折线本构模型

　　材料的本构模型设置完成后,对管道施加约束和载荷。因为我们分析的对象是深海管道的局部屈曲,所以取一定长度的管道进行研究,这段管道两端受到的约束为简支约束,即 X、Y、Z 3 个方向位移约束为 0,无转动约束。若为固定约束,除 X、Y、Z 设置为 0 外,RX、RY、RZ 3 个转动自由度的旋转约束也设置为 0。可以将管道两端的节点提取出来组成节点集,在这个节点集上设置 6 个自由度是否为 0,当节点自由度为 0 时即施加了约束。按照这个思路,将管道容易受到载荷和约束的节点构成节点集,如管道外表面节点集、内表面节点集、管道下端面节点集、上端面节点集、对称面节点集,如图 3-5 所示。

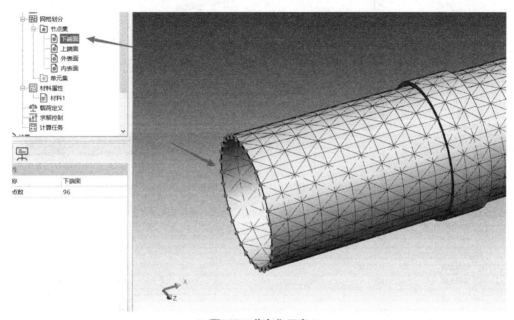

图 3-5　节点集示意

　　通过节点集的引入,能够直接对管道特定位置施加载荷,约束也是同理,通过对相应节点集的自由度进行设置,可以施加相应的约束,如图 3-6(a)所示。载荷施加分为位移载荷和力载荷,位移载荷是通过节点位移变化的方式施加的,如图 3-6(c)所示,力载荷是施加一个相应大小的力,如图 3-6(b)所示。当我们分析复杂载荷或者多个分析步分析的时候,需要调整载荷大小,为此引入了时间曲线设置,如图 3-6(d)所示,通过指定几个插值点,能够绘制出载荷-时间曲线,控制荷载的施加。至此,模型的前处理完成。

3.1.2　求解器

　　基于上一小节对管道模型完成前处理后,进行最后的求解控制,设置时间步长、阻尼、接触类型,如图 3-7(a)所示。根据第 2 章的理论介绍,时间步长不宜太大,因为太大可能会导致结果发散,也不宜过小,因为过小会大大增加计算时间。阻尼的概念不同于结构固有属性的阻尼系数,在计算中直接取 1~10 即可,根据经验一般可以取 2 来进行计算。

　　"模型计算控制"页面如图 3-7(b)所示,可以设置结果输出的次数,并可以调用并行进程进行计算,大大地提高了计算效率,根据试验可以提高计算效率 85% 以上。

（a）

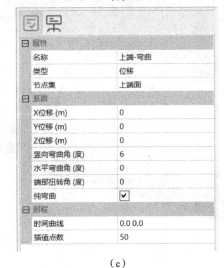

（b）

（c）

（d）

图 3-6　约束、载荷设置图

（a）"约束设置"页面　（b）"力载荷设置"页面　（c）"位移载荷设置"页面　（d）"时间曲线"页面

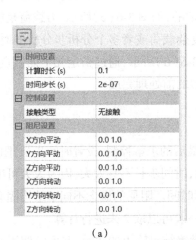

（a）

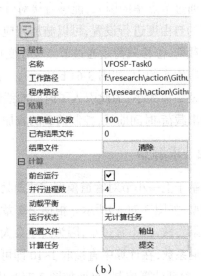

（b）

图 3-7　求解控制

（a）"求解参数控制"页面　（b）"模型计算控制"页面

在设置好求解控制后,点击"输出"按钮生成 txt 格式的配置文件,所有之前设置好的工作环境都转化为输入文件以供 Fortran 读取并计算。输入文件见下表 3-1。

表 3-1　输入文件详情

序号	程序文件名称	说明
1	Element_Information_Solid	单元信息
2	Ele_Node-六面体	单元信息,没有实质作用
3	NodeCoor	节点坐标
4	InnerFace_PlaneEle	内表面辅助单元拓扑信息
5	OutFace_PlaneEle	外表面辅助单元拓扑信息
6	Material_Infor	材料参数
7	NodeDisp_X	X 方向位移载荷
8	NodeDisp_Y	Y 方向位移载荷
9	NodeDisp_Z	Z 方向位移载荷
10	NodeDisp_TimePoints	施加位移载荷的插值时间点,通过载荷时程来控制位移载荷加载速率
11	InnerPressure	内压
12	OutPressure	外压
13	Constrain_Nodes	端部节点约束
14	DampingRatio_Input_dx	X 方向平动阻尼
15	DampingRatio_Input_dy	Y 方向平动阻尼
16	DampingRatio_Input_dz	Z 方向平动阻尼
17	DampingRatio_Input_rx	X 方向转动阻尼
18	DampingRatio_Input_ry	Y 方向转动阻尼
19	DampingRatio_Input_rz	Z 方向转动阻尼
20	Calculate_parameters	计算参数文件

输入文件生成后,点击"开始计算"按钮,就可以调用基于第 2 章理论采用 Fortran 语言编译的求解器进行计算,根据设置的结果文件输出次数,将总时间分为均匀的若干份,每一个时间节点都会输出相应的结果文件,当完成所有时间步计算后,计算停止。

3.1.3　后处理模块

生成的结果文件以第一步为例,见表 3-2,通过节点位置和节点位移文件,就可以描绘出这一步的管道变形图。

表 3-2　输出文件详情

序号	程序文件名称	说明
1	00001-Ele_dDisp_Local_Solid	单元坐标系下的单元节点位移

序号	程序文件名称	说明
2	00001-EleForce_Solid	整体坐标系下的实体单元内力
3	00001-Elementforce	整体坐标系下的实体单元外力
4	00001-EleStrain_Local_Solid	单元坐标系下的单元应变
5	00001-EleStrain_Solid	整体坐标系下的单元应变
6	00001-EleStress_Local_Solid	单元坐标系下的单元应力
7	00001-EleStress_Solid	整体坐标系下的单元应力
8	00001-force	施加在节点上的力和内力
9	00001-NodeCoor	节点位置和节点位移
10	00001-NodeStrain_Solid	整体坐标系下的节点应变
11	00001-NodeStress_Solid	整体坐标系下的节点应力
12	00001-PrinVec	单元坐标与整体坐标转换矩阵

软件后处理模块可以完成对结果的读取以及可视化,不仅可以绘制管道的位移、应力、应变云图等,还可以读取管道上任意节点的位移时程或力时程曲线,如图 3-8 所示。使用者也可以自己提取 txt 文件中的数据进行绘图。除此之外,软件后处理模块还可以实现管道压溃及屈曲全过程动画播放,可以直观地看到管道压溃全过程。

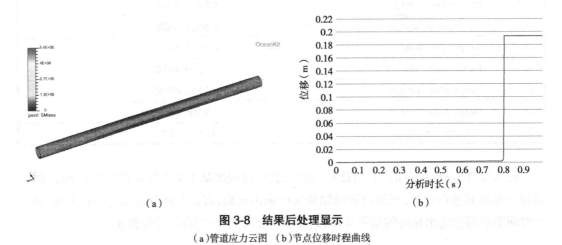

（a） （b）

图 3-8 结果后处理显示

（a）管道应力云图 （b）节点位移时程曲线

3.2 全尺寸深海管道试验

为验证 OceanKit 软件计算的准确性,借助天津大学全尺寸深海结构试验平台(图 3-9),模拟深海高压环境,研究管道在轴力和水压作用下的屈曲效应,并通过对比试验与 OceanKit 软件的结果,验证其计算精度。

3.2.1　试验平台介绍

试验舱的内径为 1.6 m,长度为 11.5 m,可模拟 12 000 m 水深环境。试验平台可施加 6 000 kN 轴向作用力, 200 kN·m 扭转作用力, 600 kN·m 弯矩。可满足直径 24 in (1 in = 25.4 mm)的钢管试件测试,具有试验平台的压力筒舱盖自动开合和多种液压加载功能,实现对深海油气输送结构管道施加轴向拉压力、扭力、弯矩多种组合载荷,模拟深海复杂载荷下管道、立管等深海结构的真实作业环境,具备模拟涡激振动、地震、内波和海啸等全部海洋环境动力载荷的能力。

与目前国外同类平台相比,该平台可完成各种水下构件、水下元器件的超高压测试,其适用立管长度长,管径种类多。此外,该平台的各种载荷(包括轴力、弯曲、振动、内压、扭矩)最大加载指标都可重现南海和国际任何海域的复杂环境,可再现立管、海管等在深海环境下生命周期的全部历程,是世界上承压最大、功能最全、试验能力最强的全尺寸深海结构专用仿真试验装置。

图 3-9　深海结构试验平台

3.2.2　试验设计

根据实际工程中常用管道的具体情况,本次试验选取了直径为 203.2 mm(8 in)的管道,并对管道中心位置施加一个局部切削处理,如图 3-10 所示。

管道参数见表 3-3。

表 3-3　管道参数

管道长度 L	管道壁厚 t	管道直径 D	椭圆度 Δ	切削深度 H_q	切削长度 L_q
7 755 mm	10 mm	203.2 mm(8 in)	0.5%	5 mm	100 mm

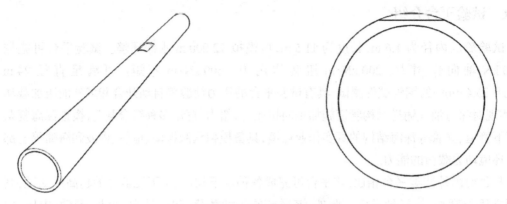

图 3-10　局部切削处理示意

验证管道在水压和轴力共同作用下的压溃机理,根据深海结构试验平台特点,以位移加载方式先施加轴力载荷,之后保持轴力载荷,施加外压至最大值,载荷理论施加方式如图 3-11 所示,但由于实际加载过程很难维持理论加载方式的速率,所以在试验中需记录舱内的实际压强来获取加载时程曲线。

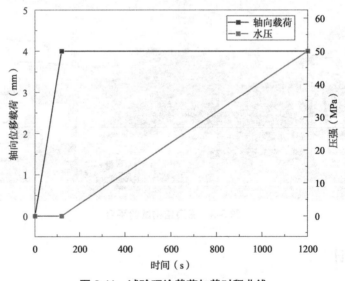

图 3-11　试验理论载荷加载时程曲线

3.2.3　试验过程

整体试验过程如图 3-12 所示。试验前首先对试验试件进行处理,将管道焊接在相同内径的法兰盘上,该法兰盘用于连接管道和试验装置,起到了固定管道以及传递轴向载荷的作用。为避免管道和法兰连接处存在应力集中,在管道和法兰连接处同时焊接了 4 块肘板用来进行局部加强,如图 3-13(a)所示。法兰和肘板焊接完成后,使用超声波探伤仪进行焊缝检测验证焊缝质量,如图 3-13(b)所示。

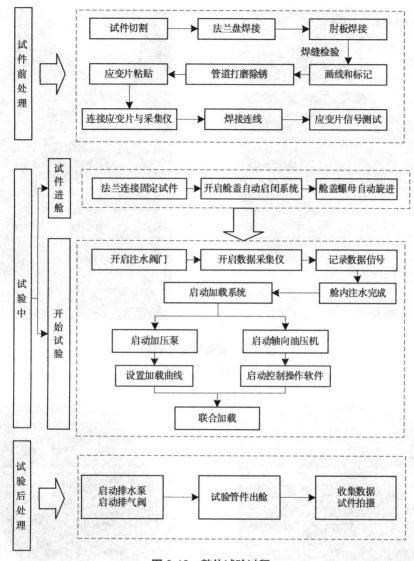

图 3-12　整体试验过程

在试件处理过程中,需要粘贴应变片以测量管道在试验中特定位置的应力值。在粘贴应变片前需要先对管道外壁进行除锈处理,常用到酒精、打磨机、砂纸等工具。一般先进行简单的清扫工作,之后用打磨机磨掉管道上的铁锈,如图 3-14(a)所示。打磨至出现银白色的金属表面,然后用砂纸进行二次打磨,使粘贴应变片的管道表面尽量光滑,最后用酒精对打磨好的表面进行清洗。

对干净的管道表面标记应变片粘贴位置,用胶水粘贴应变片,待凝固之后,使用卡夫特密封胶进行密封。考虑到水下高压环境,为避免应变片受到水压作用脱落,在其表面覆盖一层蜜月胶增加强度,最后在最外层再涂抹卡夫特密封胶进行密封,粘贴过程如图 3-14 所示。

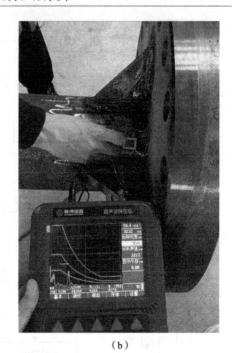

（a）　　　　　　　　　　　　　　　（b）

图 3-13　管道和法兰焊接

（a）焊接肘板　（b）焊缝检测

（a）　　　　　　　　　　　　　　　（b）

图 3-14　粘贴应变片过程

（a）管道打磨　（b）粘贴应变片

　　对管道完成处理之后,用万用表测量每一个应变片的读数,确保其没有在粘贴过程中被损坏。之后将应变片的引出线和应变采集仪相连,相连处用焊接枪焊接,并涂抹蜜月胶和卡夫特密封胶,加强抗压性和防水性。连接完成后进行信号测试,确保应变片和应变采集仪相对应。接线完成后,将多余线路绑在管道上,避免高压环境中线路受损,至此试验试件前处理完成,如图 3-15 所示。

图 3-15　试验试件

试验试件处理完成后,将试件与设备的端部法兰连接,端部法兰起到了固定试验试件和施加载荷的作用。检查连接无误后,试件进舱,开启舱盖自动启闭系统,该系统可以实现自动开启和闭合舱盖。舱盖如图 3-16 所示,通过操作系统控制 16 轴液压自动锁紧及打开螺母,避免了人工旋进和旋紧螺母的操作问题,提高了效率和安全性。

图 3-16　深海结构压力舱舱盖

1—16 轴液压自动锁紧螺母;2—扭矩加载装置;3—轴力加装载置;4—控制操作软件平台

此外,新舱盖还可以通过液压装置施加轴力和扭矩,加载扭矩时,在轴向拉力加载油缸拉力活塞杆和被试件输出轴连接轴上安装 1 条齿条连接杆,通过扭力加载摆动油缸内的齿轮与齿条做功,实现对输出轴进行双向扭力加载。

管道进舱之后,关闭舱盖,打开水阀开始注水,期间观察舱体的密闭性,待水注满舱体后,根据试验设计,首先施加轴力至 4 mm,轴力施加完成后,打开高压注水泵,通过往舱体内注水进行加压。加载过程中,可通过加载控制系统观察加载情况和舱体内水压情况,如图 3-17 所示。持续增加水压至压溃发生时刻,高压环境中的压溃瞬间发生屈曲传播现象,管道迅速变形,因为本装置为高压水泵加压方式,故当管道发生压溃时,舱内压强瞬间降低,并伴随一声巨响。

压溃发生后,舱体内还有参与压强,开始卸载压力并打开排水阀门、排气阀门,待到舱体内水排净后,将试件出舱。

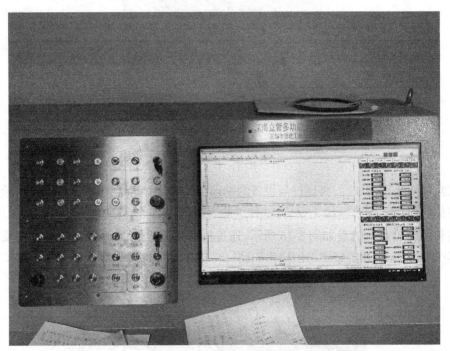

图 3-17　加载控制系统

3.2.4　试验结果处理

试验结束试件出舱后,管道的变形如图 3-18 和图 3-19 所示,可以发现管道发生了压溃及屈曲传播,管道变形沿管道的中心点对称。管道中心切削部分的变形最大,管道的内表面碰撞到了一起。管道的横截面呈现近似"哑铃"的形状。

图 3-18　管道出舱变形

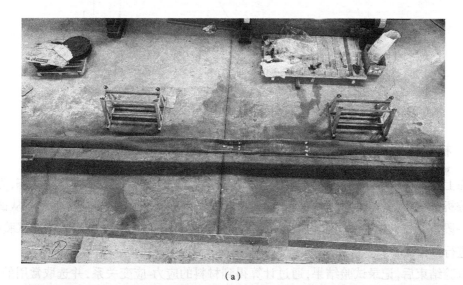

（a）

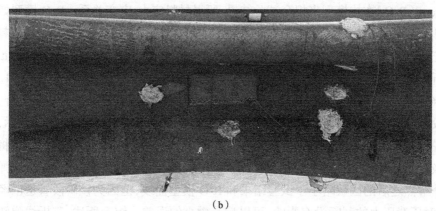

（b）

图 3-19　管道变形

（a）管道变形整体　（b）缺陷处变形

试件所受轴向荷载和水压的关系曲线如图 3-20 所示,水压增加到最大值 25.6 MPa 时,管道缺陷处发生压溃,并迅速向管道两端传播。因本装置加压是通过高压注水泵加压,并且试验试件尺寸较大,根据图 3-20 所示,管道压溃时舱内压力瞬间降到 0,原因是试件压溃后,舱内多出了大量空间,本身处于高压环境的水瞬间释放压力。

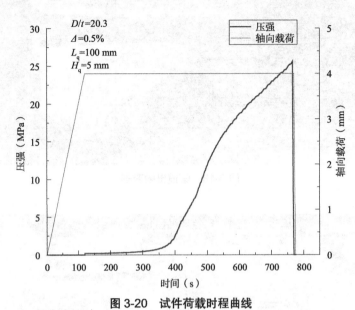

图 3-20　试件荷载时程曲线

3.2.5　材料拉伸试验

在上述试验中,深海管道发生了压溃和屈曲变形,试件材料进入了弹塑性状态,为了更好地分析试验结果,需要对试件材料进行拉伸试验,获取材料的应力-应变关系。从试件上截取一段进行拉伸试验,如图 3-21 所示,将所取试件固定在图 3-22 所示的万能试验机上,开始进行拉伸试验。

试验结束后,记录试验结果,通过计算得到材料的应力-应变关系,并选取常用的 Ramberg-Osgood(R-O)本构模型来拟合试验结果,所得材料应力-应变关系、R-O 模型如图 3-23 所示,可以得到材料的屈服强度为 277 MPa。根据第 2 章介绍,OceanKit 软件的材料属性采取的是三折线弹塑性模型,故根据试验所得应力-应变曲线拟合得到用于 OceanKit 软件计算的三折线弹塑性模型,如图 3-23 所示,模型中间选取的两个节点分别为(0.001 54,277)和(0.008 96,321)。可以看出,在弹性阶段,三折线弹塑性模型和试验结果几乎重合,当进入塑性阶段时,试验结果和 R-O 模型都发生了明显的弯曲,如图 3-23 中的放大图所示,三折线弹塑性模型与试验结果拟合良好,略小于 R-O 模型数值。但考虑到数值模拟结果将与试验结果比较,所以该阶段的三折线弹塑性模型也可以有效地拟合材料属性。三折线弹塑性模型第二个节点之后的区域略小于试验结果和 R-O 模型曲线,但因为该阶段管道已经进入塑性阶段,对压溃压力的判断没有影响,可以接受微小的误差。综上所述,三折线弹塑性模型能够实现模拟管道材料属性曲线。

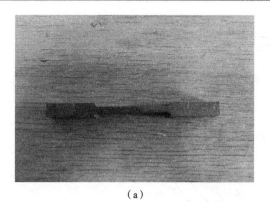
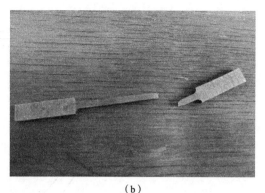

（a）　　　　　　　　　　　　　（b）

图 3-21　拉伸试验试件

（a）试件试验前　（b）试件试验后

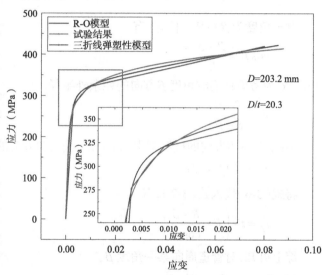

图 3-22　万能试验机　　　　　图 3-23　材料应力-应变关系

3.2.6　数值模拟与对比分析

参照表 3-3 中试验试件的参数使用 OceanKit 软件建立有限元三维模型。试件管道的中心位置有一处切削缺陷,在划分网格时无法按照壳体网格划分。这里为实现带缺陷管道网格的划分,提出了壁厚函数的相关概念。对于施加缺陷的管道,其壁厚是变化量,相关壁厚变化规律简单推导如下。

图 3-24 所示为沿管长方向的某一管道的横截面。该分析截面属于横缺陷截面,已知该分析截面的最大壁厚损失为 δ,管道外半径为 R,缺陷范围临界角为 α,依据几何原理有

$$\cos \alpha = \frac{R - \delta}{R} \tag{3-3}$$

变形得

$$\alpha = \arccos \frac{R - \delta}{R} \tag{3-4}$$

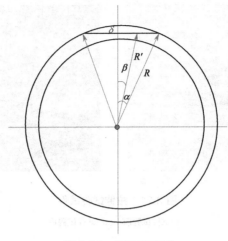

图 3-24　缺陷横截面

对于角度为 β 的某一位置,有

$$\cos \beta = \frac{R-\delta}{R'} \tag{3-5}$$

式中: R' 为考虑缺陷时角度 β 方向的残余外半径,

$$R' = \frac{R-\delta}{\cos \beta} \tag{3-6}$$

因此,角度 β 方向的壁厚损失为 $R-R'$,角度 β 方向的残余壁厚

$$t_\beta = t - (R-R') \tag{3-7}$$

将式(3-6)代入式(3-7),有

$$t_\beta = t - \left(R - \frac{R-\delta}{\cos \beta}\right) \tag{3-8}$$

综上可知,对管道周向某一角度 β :

(1)当 $-\alpha < \beta < \alpha$ 时,

$$t_\beta = t - \left(R - \frac{R-\delta}{\cos \beta}\right) \tag{3-9}$$

(2)当 $\beta \leqslant -\alpha$ 或 $\beta \geqslant \alpha$ 时,

$$t_\beta = t \tag{3-10}$$

需要注意,以上推导过程中未考虑椭圆度问题,得到的是不同方位 β 的残余壁厚分布。从残余壁厚角度来讲,对于含椭圆度管道仍采用以上公式将导致微小差异,具体表现为几何模型中缺陷切削出的平面并非完全平面,该因素的影响应是微小的。物理上,这种情况近似可理解为先在完好的圆管道上切削出平面,再将含缺陷管道加工出所需椭圆度;具体的差异即变为"先切削缺陷再加工椭圆度,或先加工椭圆度再切削缺陷"的问题。这种影响可暂时忽略,不予考虑。

在缺陷过程建模中需要输入 4 个参数来确定切削缺陷,如图 3-25 所示。

日 局部切削	
轴向位置(m)	0
环向角度(度)	0
宽度(m)	0.1
深度(m)	0.02

图 3-25　切削缺陷参数设置

（1）轴向位置：缺陷中心在轴向上，位于模型中心即 $X = X_{mid}$ 位置的距离。

（2）环向角度：切削缺陷的环向位置（0~360°）

（3）宽度：沿管轴方向的切削长度，如图 3-26 中的 L。

（4）深度：中心位置局部切削深度。

在管道建模时，采用柱坐标生成节点，管道轴向为 X 轴。对于某一节点 N，依据其所在截面确定 X 坐标，节点沿圆周所在角度为 θ，依据角度 θ 和椭圆度，可得 θ 方向的半径为 R，由 θ、X、R 和壁厚 t，可得该节点的具体坐标值。对于含缺陷管道，壁厚 t 不再是定值，而是根据 X 和 θ 发生变化。

如图 3-26 所示，当某截面位于 $X_{mid} - L/2 < X < X_{mid} + L/2$ 时，截面的壁厚损失最大量为 δ，在其他 X 轴区间，无壁厚损失。

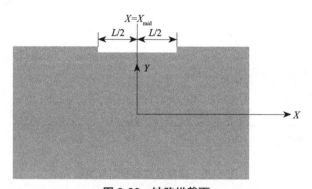

图 3-26　缺陷纵截面

依据截面壁厚损失最大量 δ，以及上述推导的壁厚函数，可得该截面任一角度 β 的壁厚 t_p，根据 X、θ、R 和壁厚 t_p，可生成节点坐标。

在建立试件管道的三维模型时，考虑管道和缺陷的对称性，采用四分之一模型进行建模，并划分网格，生成的带缺陷的管道模型如图 3-27 所示。从图中可以看出网格的划分没有出现畸形的现象，网格划分较为良好。

按照试验设计的载荷条件对模型进行加载，模型对称面处采用对称面约束。材料应力-应变关系采用图 3-23 中的三折线弹塑性模型。施加与试验一样的轴向位移载荷和水压，排除掉加载速率对结果的影响，采用图 3-28 所示的载荷施加方式施加轴向位移和水压。

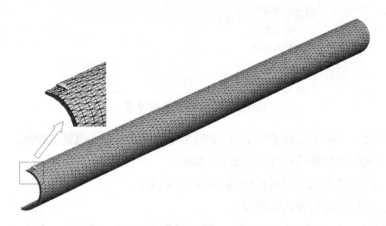

图 3-27　带缺陷网络划分

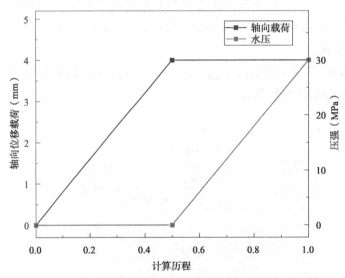

图 3-28　试验模拟载荷时程曲线

　　计算完成后,绘制管道的变形图与试验试件的变形图进行对比,如图 3-29 所示。可以看到,压溃形式接近,管道整体呈现出中间缺陷处管道内壁完全接触沿长度方向两端椭圆度逐渐恢复的现象。缺陷处周围也出现内壁接触的情况,缺陷处周围横截面的变形沿着管长方向向两端传播,直至受到两端约束的影响而停止。根据三维数值模拟与试验结果的对比,可以得出 OceanKit 软件能够准确地计算出管道压溃压力和模拟管道压溃及屈曲传播的结论。

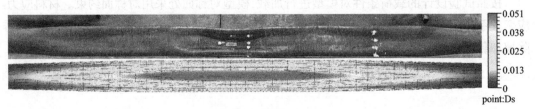

图 3-29　试件压溃结果对比

选取缺陷中间的节点作为压溃观测点,从结果位移云图可以看出,该点是压溃发生时的第一响应点,所以称该点为压溃观测点。划分网格后,压溃观测点的坐标为($4.440\,89 \times 10^{-16}$, $0.106\,333, 0$),该点的位移时程曲线和节点的变形速度时程曲线如图 3-30 所示。

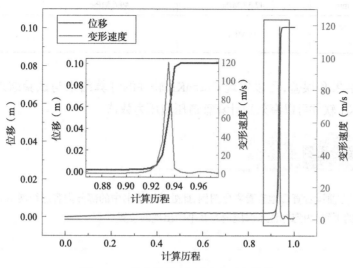

图 3-30 节点位移、变形速度时程曲线

通过观测该点的位移时程和变形速度时程曲线,可以发现计算历程(时间/总时间)在 0~0.5 时,受到轴向载荷的影响,节点位移缓慢变化,此时节点速度几乎为 0;在 0.5~1 时,该节点位移有 3 个阶段:第一阶段为弹性阶段,计算历程为 0.5~0.9,此时管道虽然受到逐渐增大的外压影响,但仍处于弹性阶段,节点位移和速度变化几乎为 0;第二阶段为压溃阶段,计算历程为 0.9~0.95,此时管道进入弹塑性阶段,外压引起的应力升高和应变骤增,节点位移增大,节点速度骤增,到 0.93 时节点位移增大到 0.015 6 m,节点速度增大到 34.02 m/s,认为管道已经发生压溃,记录此时对应的管道所受压力值,该值即为管道的压溃压力,之后节点位移继续增大,节点速度在达到峰值之后,受到节点位移限制的影响开始回落;第三阶段为碰撞接触阶段,计算历程为 0.95~1,节点位移继续增大,直至管道内壁发生碰撞接触,节点位移达到最大值,此时节点速度也降为 0。

试验与数值模拟计算结果见表 3-4,可以发现在相同条件下 OceanKit 软件的计算结果与试验结果误差为 0.78%,能够有效地计算管道压溃压力。

表 3-4 试验与数值模拟压溃压力结果对比

管道参数	试验结果	OceanKit 软件结果	误差
203.2 mm × 10 mm	25.6 MPa	25.8 MPa	0.78%

除了本试验外,参考孙震洲等的全尺寸和缩比尺管道各项参数和载荷,建立 OceanKit 模型进行计算,所得结果见表 3-5。

表 3-5　试验与数值模拟压溃压力结果对比

管道参数	试验结果	OceanKit 软件结果	误差
325 mm × 10 mm	7.78 MPa	7.42 MPa	4.63%
76.76 mm × 6.33 mm	47.37 MPa	49.6 MPa	4.50%
203 mm × 13.5 mm（6 mm 缺陷）	35 MPa	34.6 MPa	0.57%

对比表中结果和误差，可以发现 OceanKit 软件的计算结果与试验结果误差在 5% 以内，说明 OceanKit 软件可以有效地计算管道压溃压力数值。

本章部分图例

说明：为了方便读者直观地查看彩色图例，此处节选了书中的部分内容进行展示。页面左侧的页码，为您标注了对应内容在书中出现的位置。

第4章 基于向量式有限元的复杂载荷管道屈曲算例（上）

本章和下一章针对管道在深海条件下容易遇到的几种工况,例如:纯水压工况、轴力和水压组合工况、弯矩和水压组合工况以及扭矩和水压组合工况,通过向量式有限元方法对管道的压溃及屈曲机理进行研究。在本章的分析过程中,使用成熟的商业软件 ABAQUS 同时计算辅助分析,也进一步验证了 OceanKit 软件计算的准确性。

4.1 纯水压工况

4.1.1 建模过程

本软件采用向量式有限元方法分析海底管道屈曲问题,通过四面体实体单元划分网格,避免了传统有限元方法必须构建刚度矩阵的限制,更好地解决了大位移、大挠度等非线性分析问题。

向量式有限元是将管道离散为一定数量的有质量的质点,质点之间采用无质量的途径单元,所有质点之间满足牛顿第二定律。向量式有限元方法的主要计算步骤如下:

(1)中央差分法计算质点位移;

(2)求解单元节点纯变形位移;

(3)求解单元内力;

(4)质点内力和外力集成。

每时间步内都要完成以上4个步骤的一次循环,具体循环如图4-1所示。

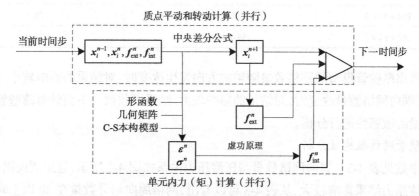

图4-1 向量式有限元循环模型

x_i^{n-1}、x_i^n、x_i^{n+1}分别为 $n-1$ 时刻、n 时刻和 $n+1$ 时刻的质点位移向量;ε^n、σ^n 为 n 时刻的单元应变和应力;

f_{int}^n、f_{ext}^n 为 n 时刻等效到节点的内力和外力

4.1.2　纯水压工况下网格收敛性分析

在有限元模拟中,网格划分的数量是影响其结果稳定性的一个重要因素。对于本软件的验证,选取不同径厚比的两根管道来分别验证网格划分数量对其的影响。

1. 厚壁管网格敏感性分析

模型参数见表 4-1。

表 4-1　模型参数

参数	数值
模型长度 L	6 m
管道直径 D	457 mm
壁厚 t	38 mm
径厚比 D/t	12
初始椭圆度 Δ_0	2%
屈服强度 σ_y	448
极限强度 σ_0	535
切线模量 E_t	1.45

沿管长方向、管道截面周向方向以及管径方向分别划分一定数量的网格,划分的网格数量及对应的压溃压力见表 4-2。

表 4-2　网格数量及压溃压力

网格数量	六面体单元尺寸(mm × mm × mm)	压溃压力(MPa)
$100 \times 40 \times 2$	$100 \times 35.9 \times 15.9$	85.0
$120 \times 40 \times 2$	$83.3 \times 35.9 \times 15.9$	85.5
$140 \times 40 \times 2$	$71.4 \times 35.9 \times 15.9$	85.8
$160 \times 40 \times 2$	$62.5 \times 35.9 \times 15.9$	86.0
$180 \times 40 \times 2$	$55.6 \times 35.9 \times 15.9$	86.2
$180 \times 60 \times 2$	$55.6 \times 23.9 \times 15.9$	80.6

可以看出厚壁管模型的网格数量随轴向方向发生改变时,对结果的影响较小,网格呈现收敛性,而周向网格数量改变时,对结果的影响较大,结果不收敛。下面针对薄壁管道,对周向网格数量的敏感性进行分析。

2. 薄壁管网格敏感性分析

模型参数见表 4-3。周向网格数量与压溃压力关系如图 4-2 所示,管道周向网格数量的划分对压溃压力结果影响较大,从表 4-3 可以看出,网格周向划分数量在 80 以上时,结果收敛。从单元尺寸考虑:单个四面体网格尺寸不太好计算,本软件是将 1 个六面体单元分为 5 个四面体单元,主要考虑六面体网格尺寸。

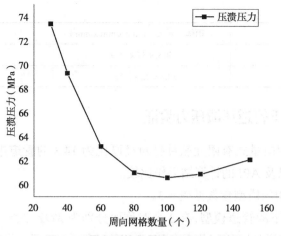

图4-2 周向网格数量和压溃压力关系

表4-3 模型参数

参数	数值
模型长度	10 m
管道直径	457 mm
壁厚	31.8 mm
径厚比	14.37
初始椭圆度	2%
屈服强度	448
极限强度	535
切线模量	1.45

可以发现:径向和周向网格大小相近时,结果收敛。当径向和周向网格大小相差较大时,结果会比较大。这也可以解释当周向网格为150时出现了增长的趋势,原因为周向网格过小,网格形状较为畸形所导致。综上可以看出,当网格周向和径向大小接近时,结果呈现收敛性;轴向网格的大小对结果影响较小。

周向网格敏感性分析的网格数量设置及分析结果见表4-4。

表4-4 网格数量及压溃压力

网格数量	六面体单元尺寸(mm×mm×mm)	压溃压力(MPa)
100×30×2	100×47.8×15.9	73.4
200×40×2	50×35.9×15.9	69.3
200×60×2	50×23.9×15.9	63.2
200×80×2	50×17.9×15.9	60.8
200×100×2	50×14.4×15.9	60.6
200×120×2	50×11.96×15.9	60.9

续表

网格数量	六面体单元尺寸（mm×mm×mm）	压溃压力（MPa）
200×150×2	50×9.57×15.9	62.1
300×60×2	33.3×23.9×15.9	64.2

4.1.3　纯水压工况下管道压溃压力验证

纯水压工况下，用向量式有限元软件针对径厚比为 14.3 的管道进行计算，并将计算结果与 ABAQUS 软件以及 API 的计算结果作比较。

【算例 4-1】　选用的模型参数见表 4-3。

对于纯水压工况下的管道模型，有 3 个对称面分别为 XOY 平面、XOZ 平面和 YOZ 平面；管道的外载荷沿管道外壁均匀分布，所以为节约计算成本，可以将模型简化为 1/8 模型。约束设置固定约束和 3 个对称面约束，如图 4-3 所示。

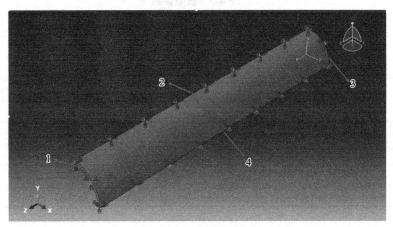

图 4-3　约束设置

1—端面施加固定约束；2—对称面施加 UX、RY、RZ 约束；3—对称面施加 UZ、RX、RY 约束；4—对称面施加 UY、RX、RZ 约束

分别使用向量式有限元软件和 ABAQUS 软件进行建模，如图 4-4 所示。载荷通过施加压强的方式作用在外表面上。网格划分上述根据上节网格收敛性验证结果，采用 200 mm×80 mm×2 mm 的网格。

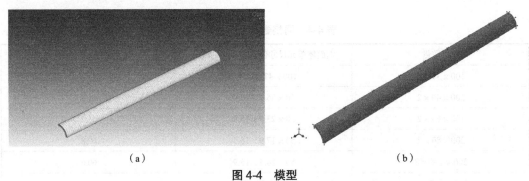

（a）　　　　　　　　　　　　　　　　（b）

图 4-4　模型

（a）向量式有限元模型　（b）ABAQUS 模型

对模型实施斜坡加载,如图 4-5 所示,外压随着时间线性增加,到外压最大点时,计算终止。

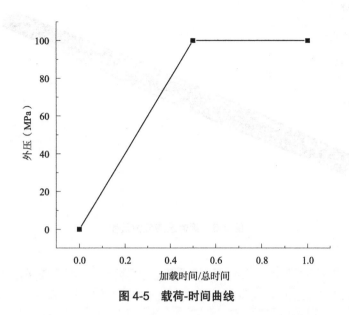

图 4-5　载荷-时间曲线

对于管道压溃的判定如下:对于向量式有限元,认为其压溃发生在管道外壁节点位移达到 5 mm 时的位置。对于 ABAQUS 有限元模型,通过静力通用分析步,认为其计算停止的时刻对应的外压为压溃压力。

向量式有限元软件和 ABAQUS 软件结果对比见表 4-5,可以看出误差在 10% 之内,可以认为向量式有限元软件能够很好地模拟管道压溃结果。有限元软件压溃应力云图如图 4-6 所示,为了更好地显示后处理效果,软件带有将 1/8 模型还原为整管模型的功能。图 4-6 即为 1/8 模型计算之后还原为全管模型的算例。

表 4-5　有限元模型结果对比

模型	ABAQUS 软件	向量式有限元软件	与 ABAQUS 软件误差	DNV 规范参考
算例 4-1	55.20 MPa	60.6 MPa	8.94%	50.5 MPa（已超出适用范围）

与 DNV 规范进行对比可以看出,DNV 规范对厚壁管道极限承载力评估存在较大低估,设计趋于保守。

取管道中间位置截面上短轴端点上的节点,分别用向量式有限元软件和 ABAQUS 软件输出该节点的位移时程曲线,得到的结果如图 4-7 所示。从图上可以发现同样位置的节点在两个软件中的曲线趋势相似,外压逐渐增加到压溃压力时,两个软件中的节点均迅速变形,曲线以较大斜率上升到最大点,之后因为应力波的影响,两个软件输出的位移时程曲线均发生较小的震荡波动。从图中可以看出两个软件计算结果相吻合。

图 4-6　管道压溃应力云图

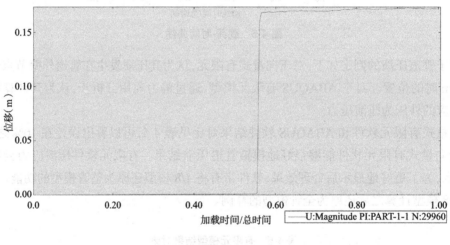

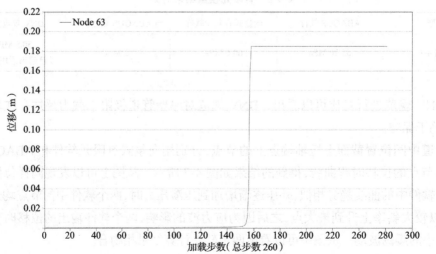

图 4-7　节点位移时程曲线

【**算例 4-2**】　选用的模型参数见表 4-6,材料属性与算例 4-1 相同。

表 4-6　模型参数

参数	数值
模型长度	10 m
管道直径	457 mm
壁厚	38 mm
径厚比	12
初始椭圆度	2%

使用向量式有限元软件和 ABAQUS 软件分别建模,得到的结果见表 4-7。

表 4-7　有限元模型结果对比

模型	ABAQUS 软件	向量式有限元软件	与 ABAQUS 软件误差	DNV 规范参考
算例 4-2	73.45 MPa	78.6 MPa	8.94%	63.6 MPa (已超出适用范围)

【**算例 4-3**】　选用的模型参数见表 4-8,材料属性与算例 4-1 相同。

表 4-8　模型参数

参数	数值
模型长度	10 m
管道直径	203 mm
壁厚	13.5 mm
径厚比	15
初始椭圆度	2%

使用向量式有限元软件和 ABAQUS 软件分别建模,得到的结果见表 4-9。

表 4-9　有限元模型结果对比

模型	ABAQUS 软件	向量式有限元软件	与 ABAQUS 软件误差	DNV 规范参考
算例 4-3	34.10 MPa	31.4 MPa	8.60%	27.4 MPa (已超出适用范围)

4.1.4　纯水压工况下有止屈器的管道压溃压力验证

止屈器在海底管道中经常用来对管道进行局部加强,阻止管道屈曲传播。本节主要针对有止屈器的管道在纯水压工况下,用向量式有限元软件和 ABAQUS 软件进行建模计算,并将计算结果作比较。

【算例 4-4】　选用的模型参数见表 4-10。

表 4-10　模型参数

参数	数值
模型长度	10 m
管道直径	457 mm
壁厚	31.8 mm
径厚比	14.37
止屈器壁厚	38 mm
止屈器长度	0.2 m
初始椭圆度	2%

向量式有限元软件和 ABAQUS 软件的建模结果如图 4-8 所示,对于向量式有限元模型,认为其压溃发生在管道外壁节点位移达到 5 mm 时的位置。对于 ABAQUS 模型,通过静力通用分析步,认为其计算停止的位置为压溃发生的时间。

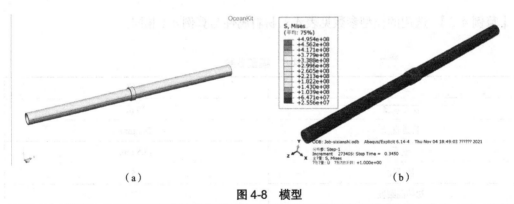

（a）　　　　　　　　　　　　　　（b）

图 4-8　模型

（a)向量式有限元模型　（b)ABAQUS 模型

对比向量式有限元软件和 ABAQUS 软件结果见表 4-11,可以看出误差在 10% 之内,认为向量式有限元软件能够很好地模拟管道压溃结果。有限元软件压溃应力云图如图 4-9 所示。

表 4-11　有限元模型结果对比

模型	ABAQUS 软件	向量式有限元软件	与 ABAQUS 软件误差	DNV 规范参考
有止屈器	55.6 MPa	61 MPa	8.85%	无参考

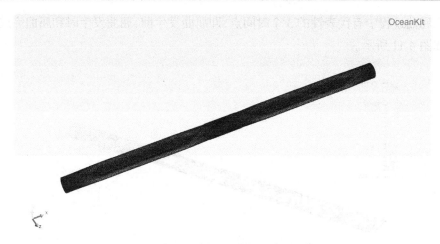

图 4-9　无止屈器 1/8 模型压溃应力云图

对比向量式有限元和 ABAQUS 软件结果，可以看出向量式有限元软件结果准确；并且止屈器施加在管道中间位置，相当于一个固定端，所以压溃压力结果与算例 4-1 几乎一样。

4.1.5　纯水压工况下管道的压溃及屈曲传播

用向量式有限元软件针对径厚比为 14.3 的管道进行计算，管道参数见表 4-3，仍采用 1/8 模型节约计算成本。

随着加载时间的增加，管道所受压力逐渐增大，当管道所受压力大于材料的极限承载力时，管道发生大变形，从管道中间位置开始发生变形，逐渐传播至边界处直至整个管道被彻底压瘪。为更好地显示管道屈曲传播的过程，选用表 4-3 的管道模型，为减少计算成本将其沿管长方向等分为两部分，其 1/2 管道模型的屈曲传播示意图如图 4-10 所示。

图 4-10　屈曲传播示意图

截取屈曲过程中有代表性的 3 个时间点,即屈曲发生前、屈曲发生时和屈曲完成时的应力云图如图 4-11 所示。

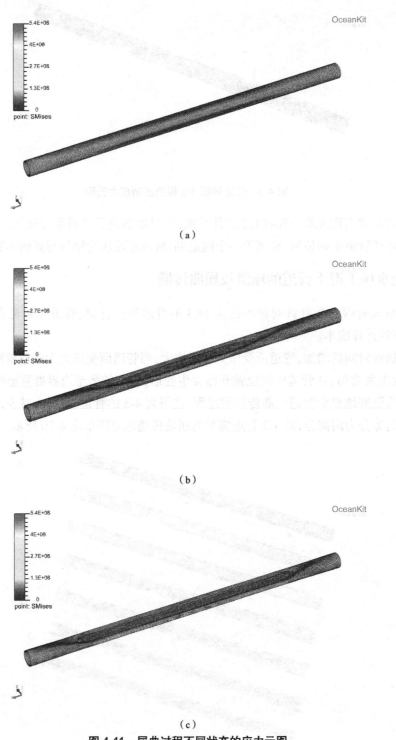

（a）

（b）

（c）

图 4-11　屈曲过程不同状态的应力云图
（a）屈曲发生前　（b）屈曲发生时　（c）屈曲完成时

对于向量式有限元模型的屈曲传播速度的计算,在管道外壁,沿管长方向间隔 4 m 选取截面椭圆度长轴方向上的两点,找到这两点发生压溃的时间,通过计算可得屈曲传播速度,用同样方法可对 ABAQUS 模型进行验证。本节选用径厚比为 12 和 14.3 的两个管道模型,模型参数见表 4-1 和表 4-3。两个模型的屈曲传播结果见表 4-12 和表 4-13。

表 4-12　径厚比为 12 的管道屈曲传播速度

模型	屈曲传播速度
向量式有限元模型	200 m/s
ABAQUS 模型	397 m/s

表 4-13　径厚比为 14.3 的管道屈曲传播速度

模型	屈曲传播速度
向量式有限元模型	166.67 m/s
ABAQUS 模型	300.85 m/s

可以看出向量式有限元模型的屈曲传播速度在合理范围之间,并且管道变形情况和 ABAQUS 模型屈曲变形情况几乎一样,能够说明向量式有限元软件能很好地模拟管道在纯水压工况下的压溃过程以及屈曲传播过程。

4.2　水压和轴向载荷组合工况

深海管道在修建铺设过程中,海底和铺管作业船之间有一段长悬跨段管道,其长度与海水水深相关,且容易受铺设施工载荷与环境载荷的影响。管道悬跨段可能会因为其存在初始缺陷以及管道修建过程中形成的局部凹陷或损伤,在一定外压和轴向力的联合作用下发生管道局部屈曲失稳。管道局部屈曲发生后,将沿着管道发生轴向屈曲传播,进而导致途经的部分管道压溃或发生管道纵向开裂,使管道整体结构失效。研究轴力和水压联合作用下的海底管道屈曲问题,有着重要的现实意义。

轴力和水压部分的软件验证将依托大型有限元软件 ABAQUS 和向量式有限元软件 OceanKit 对管道压溃过程进行数值模拟,建立海底管道在轴力和水压联合作用下的参数化三维有限元模型,对比分析两者的计算结果,比较变形情况,验证 OceanKit 软件的有效性。

4.2.1　ABAQUS 软件数值模拟

1. 有限元模型

使用 ABAQUS 软件对管道压溃过程进行数值模拟,建立海底管道在轴力和水压联合作用下的参数化三维有限元模型。

为提高求解精度,反映更加真实的管道受力状态,采用实体单元来建立管道的三维有限元模型。具体单元的选择会对结果精度产生一定的影响,接下来对有限元模型单元的选择进行说明。

（1）线性减缩积分单元容易产生应力集中问题，应力集中的存在会直接影响单元的计算精度，在分析中可使用二次单元来进行计算。一般对应力集中区域或结构变形大的位置进行网格的细化。经验证，二次完全积分单元和二次减缩积分单元得到的应力结果差异可以忽略，同时后者在计算时间的节省上更具优势。在使用二次减缩积分单元时，尽量对网格进行精细化处理来提高求解精度。

（2）有限元模型在计算过程中会进入材料的弹塑性阶段，若使用二次完全积分单元对钢材进行建模分析会出现体积自锁，对于二次 Tri 单元或 Tet 单元也会有同样的问题。为避免该问题发生，可以使用非协调单元和线性减缩积分单元。

综上所述，建模时选用非协调六面体单元（C3D8I 单元）。

首先根据测量实验室常用管道得到的管道几何尺寸在 ABAQUS 软件中的 Part 模块建立管道模型，为提高计算效率，节省计算资源，根据轴力和水压联合作用的对称性特点，建立 1/8 管道模型，如图 4-12 所示。

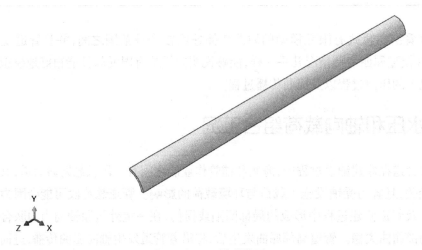

图 4-12　1/8 管道模型

在材料属性模块中，使用的材料属性中的应力-应变关系由双线性弹塑性本构模型描述，本构方程可表示如下：

$$\sigma_d = \sigma_0 + E_p \bar{\varepsilon}_p \tag{4-1}$$

式中：σ_d 为动态屈服应力；σ_0 为初始屈服应力；E_p 为塑性硬化模量，$E_p = (E_t E)/(E - E_t)$，其中 E 为弹性模量，E_t 为切线模量；$\bar{\varepsilon}_p$ 为等效塑性应变，$\bar{\varepsilon}_p = \sqrt{(2\varepsilon_{ij}^p \varepsilon_{ij}^p)/3}$，其中 ε_{ij}^p 为塑性应变张量在具体设置中，需要对塑性段的应力-应变关系进行描述。

在载荷设置模块中，以压强的形式将外水压施加在管道外表面；轴力则采用施加轴向位移的方式施加，为保证求解的正常进行，需要将施加轴向位移的端面耦合到一个参考点上，再将轴向位移施加于这一参考点上。同时，在 3 个对称面上分别设置对称性边界条件，如图 4-13 所示。

图 4-13　载荷及边界条件设置

　　分别在环向(管道周长方向)、轴向(管道长度方向)和径向(管道壁厚方向)3 个方向对管道进行网格布种。网格划分数分别为周向 20,轴向 100,径向 2。网格划分情况如图 4-14 所示。

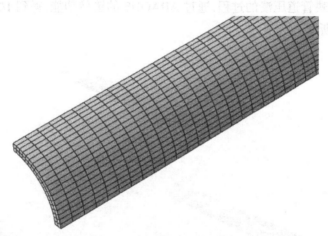

图 4-14　单元网格划分情况

相关模型参数见表 4-14。

表 4-14　ABAQUS 模型参数

模型总长(m)	外径(mm)	壁厚(mm)	轴向网格数	周向网格数	径向网格数
5	457 m	31.8	100	20	2
初始椭圆度	弹性模量(GPa)	剪切模量(GPa)	切线模量(GPa)	屈服强度(MPa)	极限强度(MPa)
2%	210	80.77	36.04	448	535

2. 数值模拟计算结果

　　ABAQUS 软件中的 Step 模块分别定义轴向位移和外水压载荷的分析步,加载顺序为先施加轴向位移后施加外水压,完成载荷的施加。利用弧长法(Arc-Length Method)实现管道变形过程的平衡路径追踪,选取静力 Riks 进行分析,数值模拟结果见表 4-15。

表 4-15　ABAQUS 软件静力 Riks 数值模拟结果

轴向位移(mm)	0	2	4	6	8
ABAQUS C3D8I 单元压溃压力(MPa)	60.547 1	59.041 2	58.207 9	56.375 6	55.426 5

同时,考虑到 OceanKit 软件使用的是向量式有限元方法,该方法与 ABAQUS 软件中的动力分析更为相近,故设置显示动力分析步对管道的压溃过程进行数值模拟,结果见表 4-16。

表 4-16　ABAQUS 软件显示动力分析数值模拟结果

轴向位移(mm)	0	2	4	6	8
ABAQUS C3D8I 单元压溃压力(MPa)	61.60	59.10	58.00	57.48	56.41

为更好地反映管道压溃的过程,通过 ABAQUS 的镜像功能,得到 1/2 管道模型的压溃过程,如图 4-15 所示。

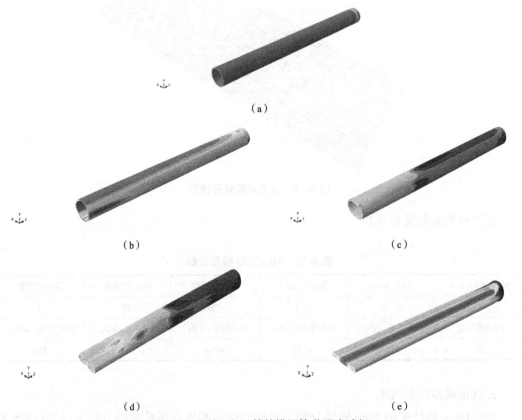

(a)

(b)　　　　　　　　　　　　　　　　(c)

(d)　　　　　　　　　　　　　　　　(e)

图 4-15　ABAQUS 软件模拟管道压溃过程

(a)轴向位移施加结束　(b)管道压溃发生　(c)管道中部出现明显变形　(d)管道发生屈曲传播　(e)屈曲传播至端部

图 4-15(a)为施加轴向位移结束后管道的受力状态,图 4-15(b)是判断为压溃发生时刻的管道受力状态,管道发生局部压溃后,出现屈曲传播,管道的最终形态如图 4-15(e)所示。

根据表 4-16 和表 4-17 中的数据绘制折线图,如图 4-16 所示。

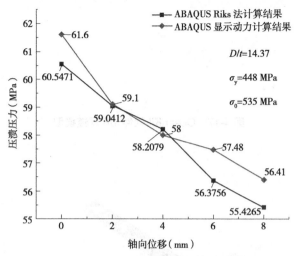

图 4-16　ABAQUS 软件数值模拟结果

由图 4-16 中的曲线可知,使用 ABAQUS 软件静力 Riks 法和显示动力分析的模拟结果相差较小,因开发的向量式有限元软件有明显的动力效应,故之后的讨论中将以显示动力方法得到的管道数值模拟结果作为软件验证的标准。

4.2.2　OceanKit 软件数值模拟

1. 有限元模型

使用向量式有限元软件 OceanKit 对管道压溃过程进行数值模拟,建立海底管道在轴力和水压联合作用下的参数化三维有限元模型,并与 ABAQUS 软件的计算结果进行比较分析。

使用与 ABAQUS 软件中相同的模型参数建立 1/8 管道模型,与 ABAQUS 软件有所区别的是,在向量式有限元软件 OceanKit 中输入的是全管模型参数,网格划分数也相应变化。

首先,在"模型尺寸"模块中输入模型总长、内直径、壁厚等尺寸参数,建立 1/8 管道模型,如图 4-17 所示。这一步骤与 ABAQUS 软件中的 Part 模块相似,但其建模过程更为简单快捷。

接下来使用"网格划分",设置轴向、环向和径向网格划分数,并在该模块中设置初始椭圆度,效果如图 4-18 所示。

在"材料属性"模块中,完成对材料属性的定义。

在"载荷定义"模块中,完成轴向位移、外水压载荷的施加。因使用的是 1/8 管道模型,需要在 3 个对称面上分别施加约束条件。同时,对管道的"上端面"进行约束,使其更符合实际情况,这也保证了轴向位移的正常施加。

图 4-17　OceanKit 软件 1/8 管道模型

图 4-18　OceanKit 软件网格划分结果

"求解控制"模块中则包含时间设置、控制设置以及阻尼设置。根据实际需要对这三部分进行设置。

最终得到的求解模型如图 4-19 所示。

图 4-19　OceanKit 软件求解模型

2. 数值模拟计算结果及比较分析

【算例 4-5】 轴向位移为 2 mm 时的管道压溃,相关设置如下。

相关参数设置见表 4-17。

表 4-17　算例 4-5 OceanKit 软件模型参数设置

模型总长（m）	外径（mm）	壁厚（mm）	轴向网格数	环向网格数	径向网格数
10	457	31.8	200	80	2
初始椭圆度	弹性模量（GPa）	剪切模量（GPa）	切线模量（GPa）	屈服强度（MPa）	极限强度（MPa）
2%	210	80.77	36.04	448	535

求解设置见表 4-18。

表 4-18　算例 4-5 OceanKit 软件求解设置

计算时长（s）	计算步长（s）	输出次数	阻尼系数	接触类型
1	5×10^{-7}	500	1	刚性接触

载荷时程设置见表 4-19。

表 4-19　算例 4-5 载荷时程设置

分析时长/总时长	0	0.5	1
外水压/总外水压（100 MPa）	0	0	1
分析时长/总时长	0	0.5	1
轴向位移/总轴向位移（2 mm）	0	1	1

管道应力云图如图 4-20 所示。

（a）　　　　　　　　　　　　　　　　　　　　（b）

图 4-20　算例 4-5 OceanKit 软件管道应力云图

（a）压溃发生时　（b）屈曲传播至管道端部

【算例 4-6】　轴向位移为 4 mm 时的管道压溃，相关设置如下。

相关参数设置同表 4-17。

求解设置同表 4-18。

载荷时程设置见表 4-20。

表 4-20　算例 4-6 载荷时程设置

分析时长/总时长	0	0.5	1
外水压/总外水压（100 MPa）	0	0	1
分析时长/总时长	0	0.5	1
轴向位移/总轴向位移（4 mm）	0	1	1

管道应力云图如图 4-21 所示。

（a）　　　　　　　　　　　　　　　　　　　（b）

图 4-21　算例 4-6 OceanKit 软件管道应力云图

（a）压溃发生时　（b）屈曲传播至管道端部

【算例 4-7】　轴向位移为 6 mm 时的管道压溃，相关设置如下。

相关参数设置同表 4-17。

求解设置同表 4-18。

载荷时程设置见表 4-21。

表 4-21　算例 4-7 载荷时程设置

分析时长/总时长	0	0.5	1
外水移/总外水压（100 MPa）	0	0	1
分析时长/总时长	0	0.5	1
轴向位移/总轴向位移（6 mm）	0	1	1

管道应力云图如图 4-22 所示。

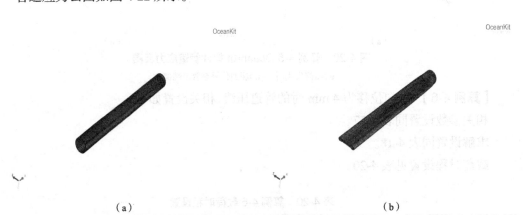

（a）　　　　　　　　　　　　　　　　　　　（b）

图 4-22　算例 4-7 OceanKit 软件管道应力云图

（a）压溃发生时　（b）屈曲传播至管道端部

【算例 4-8】　轴向位移为 8 mm 时的管道压溃，相关设置如下。

相关参数设置同表 4-17。

求解设置同表 4-18。

载荷时程设置见表 4-22。

表 4-22　算例 4-8 载荷时程设置

分析时长/总时长	0	0.5	1
外水压/总外水压(100 MPa)	0	0	1
分析时长/总时长	0	0.5	1
轴向位移/总轴向位移(8 mm)	0	1	1

管道应力云图如图 4-23 所示。

（a）　　　　　　　　　　　　　（b）

图 4-23　算例 4-8 OceanKit 管道应力云图

（a）压溃发生时　（b）屈曲传播至管道中部

数值模拟结果及其与 ABAQUS 软件的计算结果对比见表 4-23。

表 4-23　ABAQUS 软件与 OceanKit 软件数值模拟结果对比

轴向位移(mm)	0	2	4	6	8
向量式有限元软件压溃压力(MPa)	66.88	66.4	66.0	65.2	61.2
ABAQUS C3D8I 单元压溃压力(MPa)	61.60	59.10	58.00	57.48	56.41
结果差距(以 ABAQUS 软件结果为准)	8.57%	12.35%	13.79%	13.43%	8.49%

根据表 4-20 的数据绘制折线图,如图 4-24 所示。通过比较两组数据可以发现,利用向量式有限元软件得到的压溃压力随轴向位移变化的曲线呈现下降趋势,与 ABAQUS 软件得到的数值模拟结果大致相同,虽在计算结果上还存在一定差距,但其差距均保持在 15%以内,有着较为良好的精确度。

同时利用 OceanKit 软件的后处理功能得到了 1/2 管道模型的压溃过程图,如图 4-25 所示(轴向位移为 2 mm 时)。

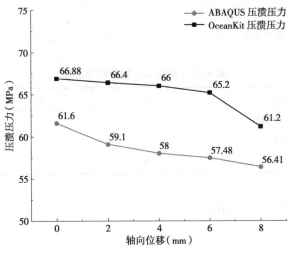

图 4-24　OceanKit 软件数值模拟结果

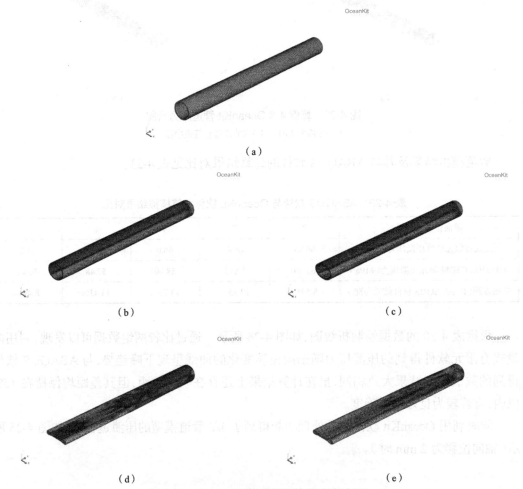

图 4-25　OceanKit 软件模拟管道压溃过程
（a）轴向位移施加结束　（b）管道压溃发生　（c）管道中部出现明显变形　（d）管道发生屈曲传播　（e）屈曲传播至管道端部

图 4-25(a)为轴向位移施加结束后,管道的受力状态;图 4-25(b)是管道压溃时刻的受力状态。与 ABAQUS 软件得到的压溃过程进行比较可以看出,在施加轴向位移结束后,管道除端部外,管道主体受力均匀。在达到压溃压力后,管道都是从中部先开始发生压溃,进而向端部进行传播,管道截面呈现哑铃形。两者的压溃过程相同,且该过程中的受力分布相似。

使用 OceanKit 软件的后处理模块绘制出压溃节点处的位移时程曲线。压溃节点为椭圆截面短轴外侧的节点,管道压溃节点位置如图 4-26 所示。

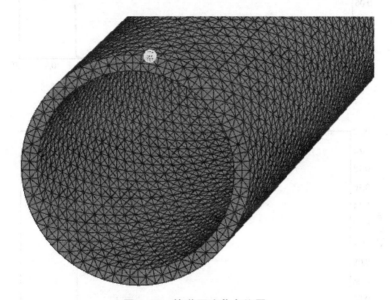

图 4-26　管道压溃节点位置

施加不同轴向位移时压溃节点处的位移时程曲线如图 4-27 至图 4-31 所示。

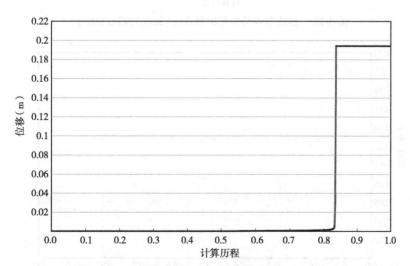

图 4-27　压溃节点处位移时程曲线(轴向位移 2 mm)

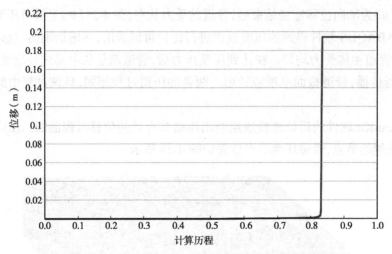

图 4-28　压溃节点处位移时程曲线（轴向位移 4 mm）

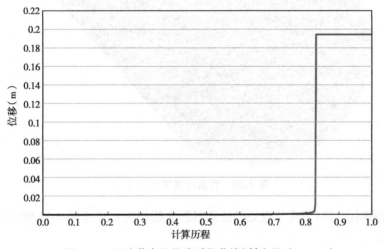

图 4-29　压溃节点处位移时程曲线（轴向位移 6 mm）

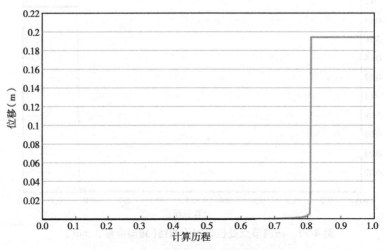

图 4-30　压溃节点处位移时程曲线（轴向位移 8 mm）

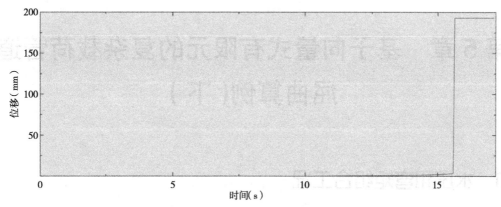

图 4-31　ABAQUS 软件显示动力时压溃节点处位移时程曲线（轴向位移 2 mm）

通过比较 OceanKit 软件与 ABAQUS 软件得到的压溃点处位移时程曲线，可以发现两者有相同的变化趋势，这也更进一步说明了向量式有限元计算方法同 ABAQUS 软件显示动力分析的相近之处。

综上所述，OceanKit 软件在处理轴力-水压联合作用下的管道屈曲压溃问题时，可以得到较为准确的数值模拟结果，节点位移和压溃形态变化都与较为成熟的 ABAQUS 软件相符合。在比较分析中，也发现 OceanKit 数值模拟结果与 ABAQUS 软件显示动力分析的相似之处，这也反映了向量式有限元方法在动力分析时具有的优势，对于实际问题解决具有帮助和借鉴意义，而对于存在的计算精度差距，还需要对软件进一步优化与升级。

本章部分图例

说明：为了方便读者直观地查看彩色图例，此处节选了书中的部分内容进行展示。页面左侧的页码，为您标注了对应内容在书中出现的位置。

第5章 基于向量式有限元的复杂载荷管道屈曲算例（下）

5.1 水压和弯矩组合工况

对于海底管道来说，弯矩也是重要载荷之一，管道在弯矩作用下其截面会出现椭圆度，致使其抗弯刚度下降，并最终导致管道失稳。

在海底管道的安装铺设和服役过程中会受到各种复杂的环境载荷，其中弯矩和水压的联合作用是常见的载荷之一。在管线铺设过程中使用的 J 形、S 形和卷管铺设法，以及管道服役过程中遇到的地震和海床变化等情况，都会使管道承受一定的弯矩作用并产生一定的曲率，并在深海高压的作用下达到弯矩和水压联合作用的工况。在管道进入深海高压环境之后，相当于弯矩-静水压力的加载方式。因此，软件能够准确模拟弯压联合动态加载下的压溃压力，对实际工程有一定的参考意义。

5.1.1 有限元模型建立

1. ABAQUS 软件建模过程

在 ABAQUS 软件静力分析中，必须在模型中定义实体的所有平移和转动自由度的约束，如果约束的定义不够充分，那么模型可能会发生不确定的刚体位移，这时分析无法收敛。对于受复杂载荷的管道来说，最重要的就是确定合理的边界约束。首先建立了 1/4 模型，如图 5-1 所示。简化模型一方面可以加快计算，另一方面建立的对称约束可以帮助限制刚体位移。

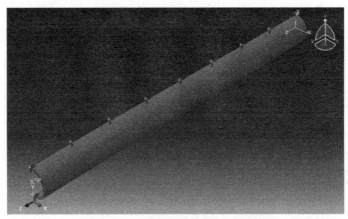

图 5-1 1/4 管道模型的约束形式

在 ABAQUS 软件中,弯矩作用无法直接施加在端面上,需要耦合参考点与端面,才能实现对端面施加弯矩的目的。由于管道模型处于自由弯曲状态,通过对参考点施加转角 α 从而控制管道轴向曲率的一致性,根据弧长的计算方法可得转角与曲率的对应关系为 $\kappa=2\alpha/L$,其中 κ 为弯曲管道的轴向曲率,L 为管道长度。管道模型如图 5-2 所示。

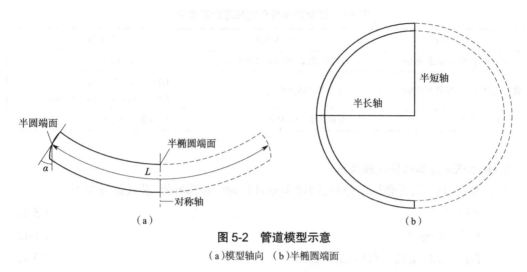

图 5-2　管道模型示意

(a)模型轴向　(b)半椭圆端面

在弯曲-外压的加载路径下,在 Step1 中选择显示动力(dynamic, explicit)计算方法,先对管道施加一定的弯曲载荷达到预设值,管道在弯曲载荷的作用下发生了弯曲变形,记录管道达到的曲率 κ,之后保持弯曲载荷的稳定,在 Step2 中选择对管道施加均布外压,管道在保持曲率不变的情况下,当外压达到一定数值时,在缺陷处会发生局部屈曲现象。在 ABAQUS 软件中通过模型对称的方法得到完整管道模型的变形形式如图 5-3 所示。

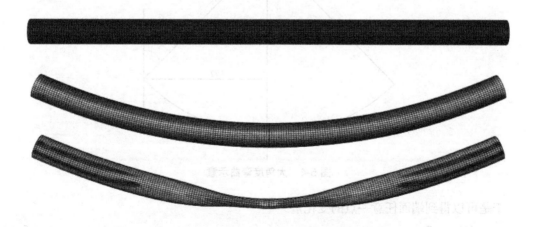

图 5-3　弯曲-外压加载路径下管道的破坏形式

在耦合后通过在初始分析步中设定 U1=U2=UR2=UR3=0 使得管道端面在整个过程中不发生左右平动以及绕非弯曲施加方向的转动。在 Step1 中施加设定的 UR1 方向的转动角度使管道发生弯曲。同时在 Step2 中约束 U3=0 让管道在施加水压的过程中不会沿长度方向移动,让管道在整个加载过程中保持恒定的弯曲状态。控制刚体位移的模型约束条件见表 5-1。

表 5-1　控制刚体位移的模型约束条件

约束位置	约束方式	约束条件
管道 XOY 平面($Z=0$ 处,缺陷端)	对称约束 ZSYMM(或固定 U3)	U3,UR1,UR2=0
管道 XOY 平面(左端完整截面)	与参考点耦合 Coupling	U1=U2=0,UR2=UR3=0 UR1 = 预设值,U3=0(在 Step2 中)
管道 YOZ 平面	对称约束 XSYMM	U1,UR2,UR3=0

2. OceanKit 自编软件建模过程

管道弯曲加载时,导致轴向伸长,因此需要进行轴向位移补偿,公式推导如下。

$$R\theta = L/2 \tag{5-1a}$$

$$L'/2 = R\sin\theta \tag{5-1b}$$

$$Dx' = L/2 - L'/2 = L(1-\sin\theta/\theta)/2 \tag{5-1c}$$

若直接给端面施加弯曲变形时,会导致管道轴线伸长,而纯弯曲时是不会有这部分伸长的。为实现纯弯曲加载,在施加扭转角度时,需要给一轴向位移,以确保管道在弯曲变形时不会出现轴向伸长。对于纯弯曲变形,管道变形后为一圆弧线,如图 5-4 所示。

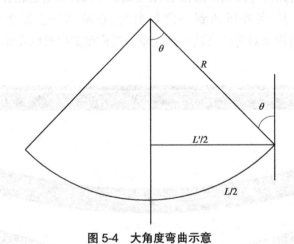

图 5-4　大角度弯曲示意

于是可以得到端面任意一点的变化量

$$\mathrm{d}U_i = -\boldsymbol{R}\boldsymbol{r} \tag{5-2}$$

其中,

$$\boldsymbol{R} = \left[1-\cos\left|\theta^{\mathrm{p}}\right|\right]\boldsymbol{A}^{\mathrm{T}} + \sin\left|\theta^{\mathrm{p}}\right|\boldsymbol{A} \tag{5-3}$$

$$A = \frac{1}{|\boldsymbol{\theta}^{\mathrm{p}}|} \begin{pmatrix} 0 & -\theta_Z^{\mathrm{p}} & \theta_Y^{\mathrm{p}} \\ \theta_Z^{\mathrm{p}} & 0 & \theta_X^{\mathrm{p}} \\ -\theta_Y^{\mathrm{p}} & \theta_X^{\mathrm{p}} & 0 \end{pmatrix} \tag{5-4}$$

式中：$\boldsymbol{R}$、$\boldsymbol{A}$ 为变换矩阵；$\boldsymbol{\theta}^{\mathrm{p}}$ 为旋转向量；$\mathrm{d}\boldsymbol{U}_i$ 为该点位移；$\boldsymbol{r}$ 为该点距旋转中心点的向量。

在 OceanKit 软件中，能够通过调整位移加载和外压加载的时程函数，达到先后加载的效果。外压和弯矩的时间历程曲线如图 5-5 所示。

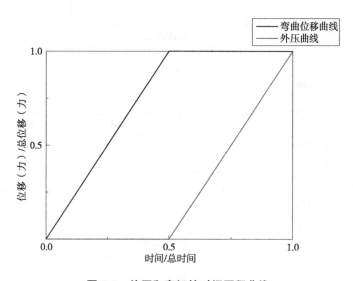

图 5-5　外压和弯矩的时间历程曲线

5.1.2　结果分析

1. 纯弯曲结果对比

用于对比的管道几何和材料参数以及施加载荷见表 5-2，分别采用 OceanKit 软件与 ABAQUS 软件显示动力方法对该算例进行计算，并对比计算结果。

表 5-2　管道参数

模型长度	管道直径	壁厚	径厚比	网格数量	外压	屈服强度	极限强度	切线模量	弯曲角度
10 m	457 mm	31.8 mm	14.37	$200 \times 80 \times 2$	80 MPa	448 MPa	535 MPa	1.45	15°

2. 端面位移加载对比

导出了 ABAQUS 软件和 OceanKit 软件的位移加载情况（X 方向位移），发现二者曲线几乎一样，说明 ABAQUS 软件的耦合转角加载和 5.1.1 节中的位移加载情况近乎相同。11898、11859、11976 分别是短轴上端、长轴端点和短轴下端的节点，也分别是图 5-6（a）中的系列 3、系列 2 和系列 1。因此 OceanKit 软件的弯矩位移加载是合理的。

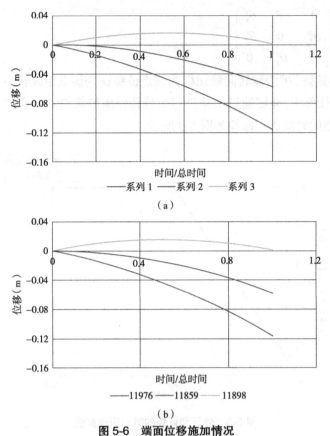

图 5-6　端面位移施加情况

（a）OceanKit 软件端面位移　（b）ABAQUS 软件端面位移

3. 对称面应力对比

弯矩施加后会对管道的椭圆度产生影响，因此需要对 OceanKit 软件在纯弯矩作用下的应力情况进行对比。选取短轴受压侧和受拉侧的节点进行对比，选取节点示意图和应力计算结果分别如图 5-7 和表 5-3 所示。

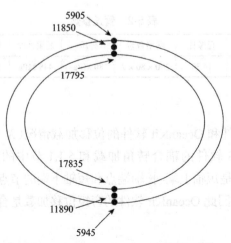

图 5-7　ABAQUS 软件对称面节点示意

表 5-3　弯曲应力对比　　　　　　　　　　　　　　　单位：MPa

节点号	节点号位置	ABAQUS 软件	OceanKit 软件	误差(%)
5905	短轴上外侧	442.426	456.965	3.29
11850	短轴上中间	460.089	458.937	−0.25
17795	短轴上内侧	481.598	460.445	−4.39
5945	短轴下外侧	−480.615	−459.834	−4.32
11890	短轴下中间	−462.359	−459.724	−0.57
17835	短轴下内侧	−434.148	−457.836	5.46
	上均值	461.371	458.783	−0.56
	下均值	−459.041	−459.131	0.02

　　通过表 5-3 的结果可以看出，OceanKit 软件的弯曲应力分布更为均匀，总体来看中间部分应力差距小，径向两侧误差较大。这可能是由于四面体单元对于壁厚方向上的应力分布表达存在误差，但大部分仍在 5% 以内。不过通过对比壁厚方向上的应力均值可以看出，截面上下侧均值误差不大（小于 1%），因此 OceanKit 软件能够较为准确地计算管道的纯弯曲状态。

　　4. 压溃结果对比

　　图 5-8 为位移曲线的对比，从中可以看出，二者的压溃形式和位移曲线几乎相同。同时，由于是动力计算，在弯矩施加阶段和水压施加阶段开始时会发生振荡，在阻尼的影响下振荡消失。管道的压溃压力见表 5-4，可以看出由于 OceanKit 软件计算结果略大于 ABAQUS 软件计算结果，且误差在 10% 以内。

表 5-4　压溃压力对比

计算结果	ABAQUS 软件	OceanKit 软件	误差
压溃压力	51.68 MPa	54.88 MPa	6.19%

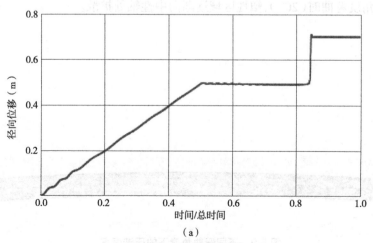

（a）

图 5-8　位移曲线对比

（a）OceanKit 软件对称面短轴节点位移曲线

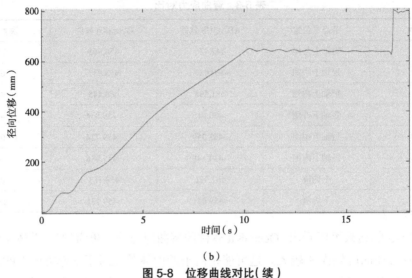

（b）

图 5-8　位移曲线对比（续）

（b）ABAQUS 软件对称面短轴节点位移曲线

5.1.3　不同弯曲角度下的计算结果对比

为进一步对弯压耦合工况进行对比验证,分别采用 OceanKit 软件和 ABAQUS 软件计算了不同弯曲角度下的压溃压力,计算的管道参数同表 5-2。从对管道纯压溃压力计算的结果来看,加载时长 0.5 s 时计算结果接近收敛,于是在弯矩水压组合加载时,纯水压部分采用 0.5 s 的加载时长,总共加载时长为 1 s。在 ABAQUS 软件管道中本次计算采取的弯曲角度为 5°、10°、15° 和 20°。

1. OceanKit 软件计算结果

首先是纯弯曲后的计算结果,如图 5-9 所示。通过图可以看出,随着弯曲角度的增大,整根管道的塑性区域也逐渐增大。在小角度弯曲时（5°）,整个管道上下两侧已经出现了塑性区域。至大角度弯曲时（20°）,塑性区域逐渐向中性轴处扩散。

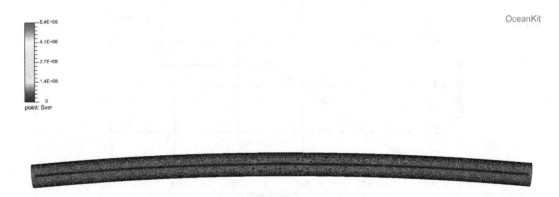

（a）

图 5-9　不同弯曲角度下的压溃情况

（a）5° 弯曲情况

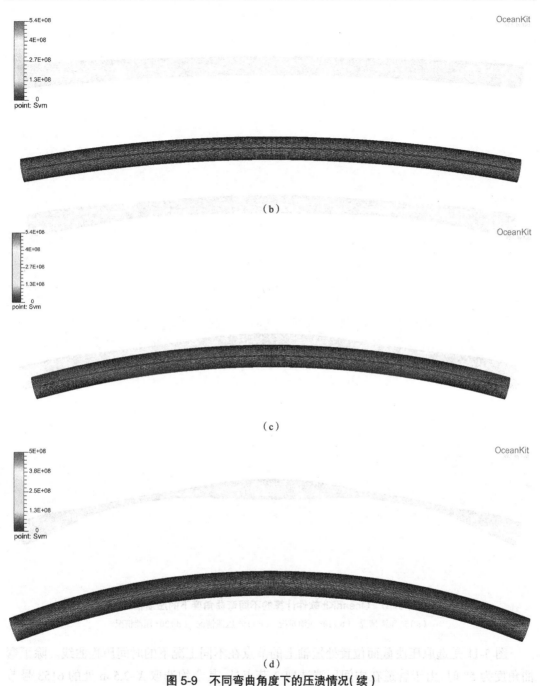

图 5-9　不同弯曲角度下的压溃情况（续）

（b）10° 弯曲情况　（c）15° 弯曲情况　（d）20° 弯曲情况

其次对压溃位置进行分析，图 5-10 为不同弯曲角度下的压溃位置。发现当弯曲角度小于 5° 时，管道是在对称面附近压溃。当弯曲角度大于 5° 时，管道在管段靠近边界的 1/4 处压溃。

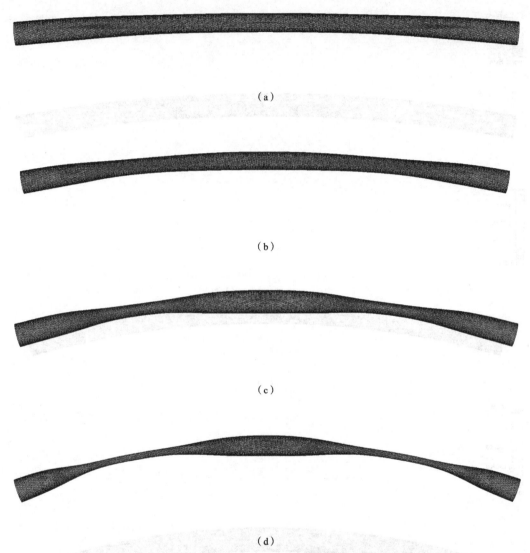

图 5-10　OceanKit 软件计算的不同弯曲角度下的压溃情况

（a）5° 压溃情况　（b）10° 压溃情况　（c）15° 压溃情况　（d）20° 压溃情况

　　图 5-11 是选取压溃截面位置处短轴上的节点在不同工况下的时间历程曲线。除了弯曲角度为 5° 时,由于管道在中间压溃选取 3 节点外,其余均选取 X=2.5 m 处的 6153 号节点。在第一阶段弯曲加载中,由于惯性力的影响,Y 轴方向位移会发生波动,弯曲角度越小,这个波动时长会越长。在弯曲加载完成后,管道会继续施加外压,同样由于惯性力的影响,在施加静水压早期,管道会发生轻微波动,这些波动能量会随时间推进而被阻尼逐渐耗散。当管道发生压溃时,位移会突然发生剧烈增加并达到接触。与纯水压工况不同,这里选取位移剧烈增加段起点作为压溃的判断标准,得到的压溃压力结果如图 5-12 和表 5-6 所示。随着弯曲角度的增加,压溃压力会逐渐降低。0 到 5° 时的压溃压力下降最快,5 到 15° 时约呈

线性下降，15 到 20° 时下降速度有所降低。

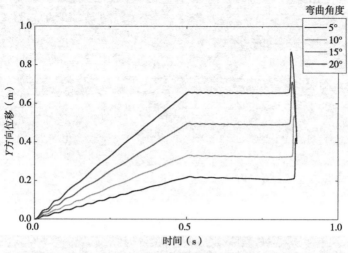

图 5-11　压溃检测点位移曲线

表 5-5　OceanKit 软件不同弯曲角度下的压溃压力计算结果

弯曲角度（°）	0	5	10	15	20
压溃压力（MPa）	60.8	56.96	56	54.88	54.4

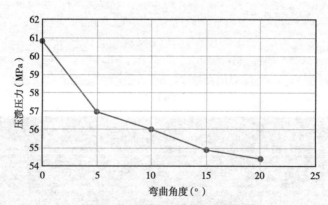

图 5-12　压溃压力随角度变化趋势

2. ABAQUS 软件计算结果

首先对压溃位置进行分析，图 5-13 为 ABAQUS 计算的不同弯曲角度下的压溃位置。发现当弯曲角度为 10° 时，管道是在 1/4 管道模型靠近中点处压溃；5° 和 20° 为靠近边界处压溃；15° 为对称面处压溃。

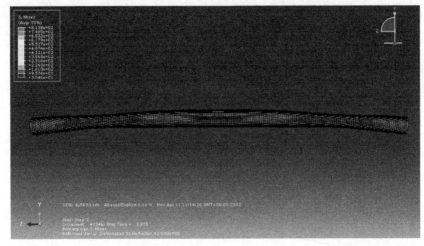

（a）

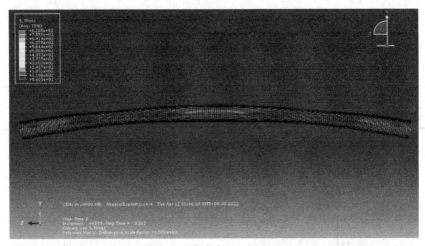

（b）

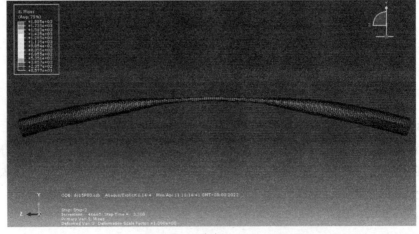

（c）

图 5-13　ABAQUS 软件计算的不同弯曲角度下的压溃情况

（a）5° 压溃情况　（b）10° 压溃情况　（c）15° 压溃情况

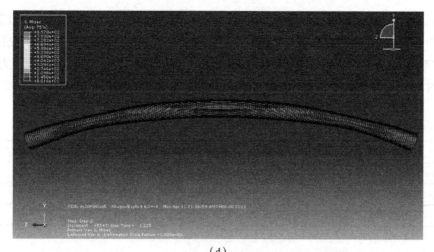

（d）

图 5-13　ABAQUS 软件计算的不同弯曲角度下的压溃情况（续）

（d）20° 压溃情况

图 5-14 是选取压溃位置短轴节点在不同工况下的时间历程曲线。除了弯曲角度为 15° 时，由于管道在中间压溃选取中间节点外，其余均选取压溃位置中心处的节点。由图 5-14 可以看出，由于所选的压溃检测节点不同，呈现的位移形式有所不同，10° 和 15° 所选的压溃节点靠近管道中心位置，由于惯性力的影响，会出现较大的位移波动；而 5° 和 20° 压溃位置略靠近边界，在边界效应的影响下抑制了部分惯性力的影响。这里由于 15° 工况所选节点是位于管道中心的，因此位移要高于压溃节点选取与靠近边界的 20° 压溃工况。当管道发生压溃时，位移会突然发生剧烈增加并达到接触。与 OceanKit 软件的压溃压力判断准则相同，选取位移剧烈增加段起点作为压溃的判断标准，得到的压溃压力结果如图 5-15 和表 5-6 所示，从中可以看出，随着弯曲角度的增加，压溃压力会逐渐降低。0 到 5° 时的压溃压力下降最快，5 到 20° 时约呈线性下降。通过与 OceanKit 软件结果进行对比可以看出，下降趋势基本一致，同时误差在 10% 以内。

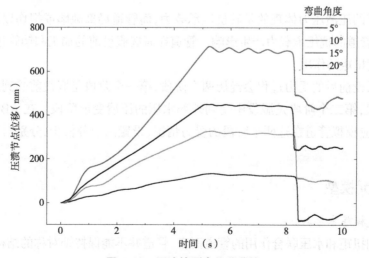

图 5-14　压溃检测点位移曲线

关于二者计算的压溃位置不同,可能是由于动力计算中,由于二者阻尼等动力参数有所不同,在压溃处的位移存在波动使得产生了不同的局部椭圆度分布。进管压溃位置不尽相同,通过对比表 5-6 的压溃压力计算结果来看,OceanKit 软件计算的压溃压力结果与 ABAQUS 软件误差仍较小。

表 5-6　不同弯曲角度下的压溃压力计算结果对比

弯曲角度(°)	0	5	10	15	20
OceanKit 软件结果(MPa)	60.8	56.96	56	54.88	54.4
ABAQUS 软件结果(MPa)	55.8	53.28	52.32	51.68	51.2
误差	8.96%	6.91%	7.03%	6.19%	6.25%

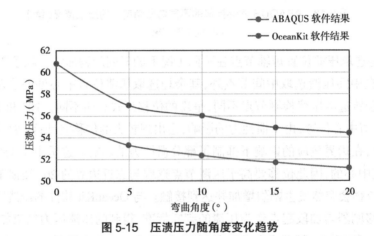

图 5-15　压溃压力随角度变化趋势

5.2　扭矩与水压联合作用下海底管道的屈曲对比验证

海底管道的压溃压力体现的是其抗压承载力,而管道局部缺陷或损伤以及复杂载荷的作用,都会对管道的抗压承载力产生影响。管道在海底服役前的加工和铺管过程,都可能会受到不同程度扭矩的作用。

管道在服役前后的受力过程会经历两个阶段,第一个阶段是服役前受到的扭矩作用的扭转变形阶段,第二个阶段是服役中受到外部水压的压溃变形阶段。在 ABAQUS 软件有限元仿真中,应模拟管道在这两个阶段的受力情况,设置两个分析步,分别对管道施加扭矩和水压。

5.2.1　有限元模型

1. 管道建模基本参数

对于受到扭矩和水压联合作用的管道而言,管道并不能保持轴对称的结构,而会发生一定程度上的扭曲变形,而这种变形在通常情况下是不对称的。对于 ABAQUS 软件有限元建模,首先需要考虑的就是管道变形的不对称性。不对称性会造成模型的边界约束情况产生变化。因此,在有限元建模中,选择建立管道的全圆模型,可以更好地模拟真实情况下管道的屈曲失效过程。虽然这会在一定程度上造成计算时间的增加、计算负担的增大,不过通过合理的划分网格和控制载荷步数,可以在很大程度上克服这个问题。管道全圆模型如图5-16 所示。

图 5-16　管道全圆模型

模型具有沿管道轴向的一致椭圆度 Δ,设置为沿 Y 轴压溃。椭圆度计算公式如下:

$$\Delta = \frac{D_{\max} - D_{\min}}{D_{\max} + D_{\min}} \qquad (5\text{-}5)$$

式中:$D_{\max}$ 为截面最大直径;$D_{\min}$ 为截面最小直径。

利用工程中得到广泛应用的 Ramberg-Osgood 本构方程拟合得到管道材料的塑性应力-应变曲线。

Ramberg-Osgood 方程的原型为

$$\varepsilon = \frac{\sigma}{E} + K\left(\frac{\sigma}{E}\right)^n \qquad (5\text{-}6)$$

式中:ε 为应变;σ 为应力;K 为强度系数;n 为应变硬化指数;E 为材料的杨氏模量。

引入关于材料屈服应力 σ_y 的参数 α,

$$\alpha = K\left(\frac{\sigma_y}{E}\right)^{n-1} \qquad (5\text{-}7)$$

可以得到应力-应变关系的表达式为

$$\varepsilon = \frac{\sigma}{E}\left[1 + \alpha\left(\frac{\sigma}{\sigma_y}\right)^{n-1}\right] \qquad (5\text{-}8)$$

2. 弧长法

为真实模拟管道在室内全尺寸舱中的准静态加载,选用 ABAQUS 软件中的弧长法进行计算。弧长法属于双重目标控制方法,即在求解过程中同时控制载荷因子和位移增量的步长。其基本的控制方程为

$$(\Delta u)^{\mathrm{T}} \Delta u + \Delta \lambda^2 \phi^2 P^{\mathrm{T}} P = \Delta l^2 \tag{5-9}$$

式中:Δu 为位移增量;P 为外部参考力;$\Delta \lambda$ 为荷载因子增量数值;ϕ 为荷载比例系数,用于控制弧长法中荷载因子增量所占的比重;Δl 为固定的半径。

在求解过程中,载荷因子增量 $\Delta \lambda$ 在迭代中是变化的,下列非线性静力平衡的迭代求解公式中存在 n 个未知数,即

$$K(u_i^j) \Delta u_{i+1}^j = \Delta \lambda_{i+1}^j P - F(u_i^j) \tag{5-10}$$

式中:$K(u_i^j)$ 为当前计算步的刚度;$F(u_i^j)$ 为当前计算的节力点;下标 i 表示第 i 个载荷步;上标 j 表示第 i 个载荷步下的第 j 次迭代。

这样,在弧长法中一共存在 $n+1$ 个未知数,根据约束方程(5-9)即附加的控制方程,问题才能得到解答,此时,可以根据 ϕ 值的取值分为两种弧长法,其中,$\phi \neq 0$ 时的弧长法称为球面弧长法,$\phi = 0$ 时的弧长法称为柱面弧长法。

上述弧长法的求解过程,需要求解一元二次方程,计算量大,因此,为简化计算,提出了另一种控制方程,用垂直于迭代向量的平面代替圆弧,把弧长不变的条件改为向量 r_i^j 与向量 Δu_{i+1}^j 始终保持正交,即满足下列控制方程

$$r_i^j \cdot \Delta u_{i+1}^j = 0 \quad (i = 1, 2, 3, \cdots, n) \tag{5-11}$$

与前面的解法相同,可求解上述式(5-9)至式(5-11),得

$$\delta \lambda_{i+1}^j = -\frac{(\Delta u_i^j)^{\mathrm{T}} \{\Delta u^{\mathrm{g}}\}_{i+1}^j}{(\Delta u_i^j)^{\mathrm{T}} \cdot \{\Delta u^{\mathrm{p}}\}_{i+1}^j + \Delta \lambda_i^j \cdot P^{\mathrm{T}} P} \tag{5-12}$$

其中,位移增量 $\{\Delta u^{\mathrm{g}}\}_{i+1}^j$ 和 $\{\Delta u^{\mathrm{p}}\}_{i+1}^j$ 需满足

$$k(u_i^j) \{\Delta u^{\mathrm{p}}, \Delta u^{\mathrm{g}}\}_{i+1}^j = \{F(u_i^j), \psi(u_i^j)\} \tag{5-13}$$

式中:$F(u_i^j)$、$\psi(u_i^j)$ 分别为恢复力向量和非平衡力向量。

弧长法的求解步骤如下。

(1)对于第 1 个增量步($j=1$)第 1 次迭代($i=1$)分析,选定参考载荷 P,即确定了初始弧长增量 Δl。

(2)输入期望迭代次数 n_0,如果采用球面弧长法,则输入载荷参与比例系数 ϕ。

(3)存储结构初始切线刚度。

(4)在第 j 次增量步分析中,迭代流程如下。

① 求解出 Δu_1^j。

② 记录迭代次数 $n^j = 1$,对结构刚度矩阵进行三角分解或计算当前刚度系数以判别矩阵是否正定。

③ 更新结构的变形向量 u_i^j,计算结构的恢复力向量 $F(u_i^j)$ 和非平衡力向量 $\psi(u_i^j)$。

④ 如果采用切线刚度迭代技术,则要根据当前结构的变形向量更新结构刚度矩阵;如果

采用初始刚度迭代技术,则只需在每次增量分析的初始迭代中根据上一次增量结束时的结构位移向量来更新结构刚度即可,在增量步中不用更新。

⑤计算 $\{\Delta u^g\}_{i+1}^j$ 和 $\{\Delta u^p\}_{i+1}^j$,若采用初始刚度迭代技术,$\{\Delta u^p\}_{i+1}^j$ 在整个增量步迭代中为定值,不必重复计算。

⑥求解载荷因子增量 $\delta \lambda_{i+1}^j$。

⑦计算 Δu_{i+1}^j,由式(5-12)和式(5-13)更新当前的载荷水平 λ_{i+1}^j 和位移向量 u_{i+1}^j。

⑧收敛性判别。如果满足收敛准则,则终止当前增量步下的迭代进程,记录迭代次数 $n^j \Leftarrow n^j + 1$ 进入步骤⑨;如果不满足收敛准则,则需要继续迭代,记录迭代次数 $n^j \Leftarrow n^j + 1$,令 $i \Leftarrow i+1$,重复步骤④~⑧。

⑨判别当前载荷水平是否达到期望值或超过一定的增量步数。如是,则分析结束,输出数据;如不是,则令 $j \Leftarrow j+1$,更新结构切线刚度矩阵,计算当前增量步中的弧长增量 Δl^j,返回步骤①。

3. 建模步骤

管道可能在服役前或服役中受到扭矩作用。管道在服役前受到扭矩作用产生扭转变形,在海底服役中受到外部水压作用的加载路径,可称为 MT-P 路径。

对于 MT-P 加载过程的管道模型,建模方式如下。

1)部件建模

先建立半椭圆管道(图 5-17(a)),之后通过 ABAQUS 软件提供的镜像功能,将 1/2 模型镜像为管道全圆模型(图 5-17(b)),以便进行模型的网格划分。

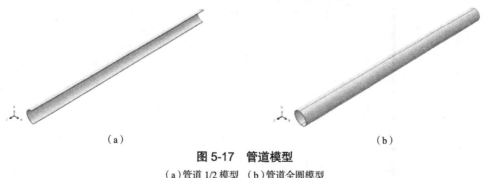

（a）　　　　　　　　　　　　　　　　　　（b）

图 5-17　管道模型

（a）管道 1/2 模型　（b）管道全圆模型

2)装配

在 ABAQUS 软件“装配”工作区里,对管道模型进行装配。

在管道模型的建模中,参考点 Reference Point 的设定非常重要。因为需要使参考点与管道模型相耦合,以实现通过参考点对管道整体模型施加扭矩的目的。

参考点可以设置在模型的任何位置,但考虑到模型的计算精确性要求,避免一些可能产生的误差和错误,参考点应设置在欲施加扭矩的端面的平面上,以便能更好地对与其耦合的端面进行控制和加载,建立参考点 RP-1,坐标为(0,0,0),即端面的中点,如图 5-18 所示。

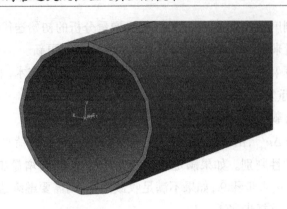

图 5-18　参考点的设置

3）分析步

对于 MT-P 加载过程,需要设置两个分析步。

第一个分析步 Step-1,选择静力通用 Static General。在分析步设置中,将几何大变形选项设置为 ON。初始增量步和最小增量步应设置得尽量小,总增量步数则应适当选择较大值,如图 5-19 所示。第一个分析步实现的力学功能是对管道进行扭矩的准静态加载,模拟管道在海底服役前受到扭矩的应力、应变情况。

图 5-19　增量步设置

第二个分析步 Step-2,选择静态弧长法 Static Riks。同样的,在分析步设置中,将几何大变形选项设置为 ON。初始增量步和最小增量步应设置得尽量小,总增量步数则应适当选择较大值。第二个分析步实现的力学功能是对管道进行外部水压的准静态加载,模拟管道在海底服役中受到外部水压作用下的应力、应变情况。

4)相互作用

在 ABAQUS 软件中,需要通过耦合参考点与端面,才能实现对端面施加扭矩的目的。ABAQUS 软件中提供三种耦合方式:第一种是运动分布;第二种是连续分布;第三种是结构分布。它们都是通过参考点,实现对节点区域或表面的控制,限制其自由度和位移。通过参考点耦合的设置,可以使施加载荷的传递更加准确和简便。对于扭矩而言,由于 ABAQUS 软件的限制,实体单元并不存在转动自由度。因此,设置耦合就是必经之路,通过将实体单元与预设的参考点相耦合,就可以实现将扭矩加载到实体单元,并使实体单元产生相应转动的目的。

这三种耦合方式中,运动分布耦合方式的传递方式是将参考点的自由度直接刚性的传递到从节点上,这种传递是相对的,因此不存在参考点与从节点之间的差异,因此从节点没有相对位移。连续分布耦合方式、结构分布耦合方式与运动分布耦合方式起到的作用是一致的,都可以对自由度进行传递。但连续分布和结构分布耦合方式需要在传递的过程中考虑权重的影响,权重的取值与从节点到参考点的距离相关。各从节点的自由度未必相同,这会导致整个结构的变形。分布耦合方式的权重系数

$$\omega_i = 1 - \frac{r_i}{r_0} \tag{5-14}$$

式中:r_i 为从节点与参考点的距离;r_0 为预设的参考点半径。

运动分部耦合方式不受权重因素的影响,而是在与参考点相耦合的节点区域或表面的各节点上建立与参考点之间的运动约束关系。而连续分布耦合方式则是建立一种受权重影响的约束关系,使得作用在节点区域或表面的合力和合力矩与施加在参考点上的力和力矩等效。这也就意味着连续分布耦合允许参考点与从节点之间发生相对变形,相比运动耦合方式更加柔软和灵活。在本模型中,由于对管道模型施加扭矩和水压,管道势必会发生扭曲变形,管道的截面也会与管道截面的圆心产生相对位移,因此选择连续分布耦合方式更为合适。

将参考点 RP-1 与管道端面相耦合,如图 5-20 所示。

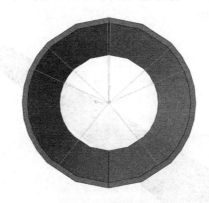

图 5-20　耦合的设置

5）接触

整个模型的接触只有一种，即管道内壁间的自接触。当发生压溃时，管道的内表面将发生自身的相互接触，管道内壁采用 ABAQUS 软件中的法向摩擦、有限滑移的自接触设置。

6）约束

在模型中，管道右端部施加固定约束。由于扭矩的存在，管道左端部可能会产生扭转变形，需要在左端部也施加沿管道轴向的约束，避免管道左端出现轴向的位移。由于取用了全圆的管道模型，所以不需要对管道的其他部分施加约束，也不需要对参考点施加约束，如图5-21 所示。

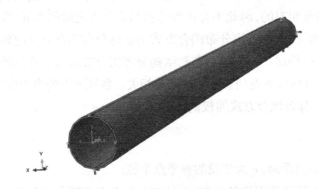

图 5-21　管道模型约束的设置

7）网格划分

在网格划分中，单元的选择非常重要。计算中通常采用 8 节点六面体线性非协调模式单元（C3D8I）。但是为了和向量式有限元软件进行对比，本次计算采取四节点线性四面体单元（C3D4）。

管道使用四节点线性四面体单元（C3D4）的网格进行划分，将管道环向划分为 40 层单元，管道径向划分两层单元，管道轴向划分 150 层单元，如图 5-22 所示。对于具有一致椭圆度缺陷的管道而言，可以在整个管道的轴向方向采用相同的布种方式。同时，网格的划分可以适当地稀疏，以加快计算速度。

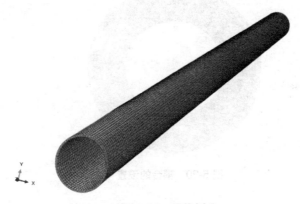

图 5-22　网格划分

8）加载

在 Step-1 中，于参考点 RP-1 上施加方向沿管道环向的扭矩。在 Step-2 中，于管道外壁施加均布载荷。MT-P 加载过程中载荷的设置如图 5-23 所示。

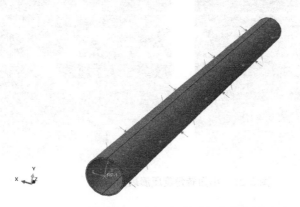

图 5-23　MT-P 加载过程中载荷的设置

5.2.2　计算结果

管道数据：$D = 0.457\,2$ m，壁厚 $t = 0.031\,8$ m，椭圆度为 0.05，管长为 10 m，采用 X60 型钢。采取先加扭转角度（扭矩），再加水压的路径加载方式，其失稳云图及压溃后管道形态如图 5-24 至图 5-26 所示。

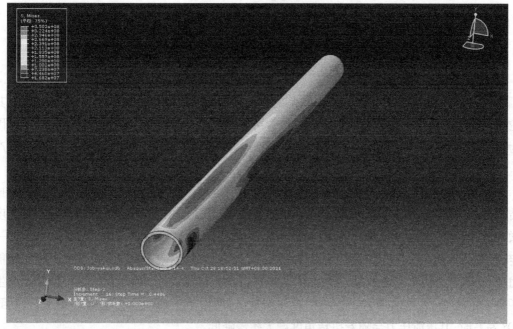

图 5-24　失稳应力云图

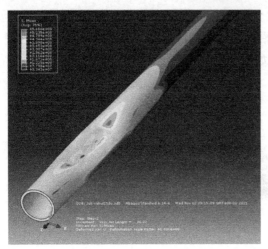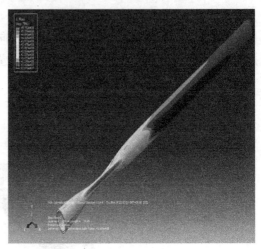

图 5-25　小扭转角度压溃后形态

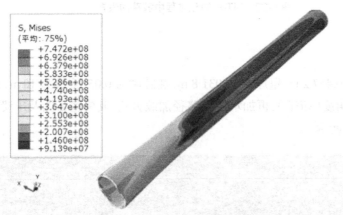

图 5-26　大扭转角度压溃后形态

　　在扭矩较小时,具有一致椭圆度缺陷的管道的初始压溃位置不始终位于模型的端面,其位置是相对不确定的。管道的初始压溃位置可能位于管道沿轴向方向的任何一处。这是因为扭矩还没有使管道端部产生足够程度的变形。管道端部因为扭矩的作用而发生变形,产生了另一种类型的缺陷。

　　改变扭转角度,可以得到如图 5-27 所示的压溃压力计算结果。结合管道静水压不受扭转时的压溃压力,可以知道,管道一旦产生扭转角度,其压溃压力会迅速下降,随着扭转角度增大,在一定范围内,扭转角度呈线性减小趋势,并且减小趋势较大。当扭转角度增大到一定时,其压溃压力在一定范围内会基本保持不变,在这段范围内管道达到了最大抗扭转能力,所以随着扭转角度增大,其压溃压力基本保持不变;再随着扭转角度增大,此时管道产生了轴向的一个力,这时增大了管道的抗压溃能力,所以管道压溃压力会有一定上升;达到 60° 左右时,其压溃压力会随着扭转角度增大缓慢降低。

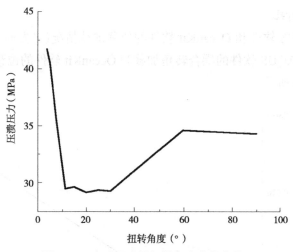

图 5-27　压溃压力随扭转角度变化曲线

5.2.3　向量式有限元软件计算验证

图 5-28 是向量式有限元软件计算界面，计算模型的参数根据 ABAQUS 软件中的参数进行设定，对超厚壁管道压溃计算结果进行验证，管道参数见表 5-7。

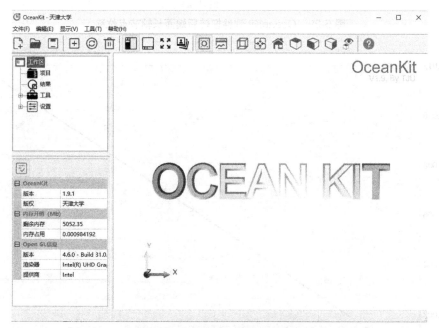

图 5-28　向量式有限元软件计算界面

表 5-7　管道模型参数

模型长度	管道直径	壁厚	径厚比	网格数量	外压	屈服强度	极限强度	切线模量	扭转角度
10 m	457 mm	31.8 mm	14.37	200×40×2	100 MPa	448	535	1.45	5°

1. 纯扭转结果对比

导出了 ABAQUS 软件和 OceanKit 软件的位移加载情况（Y 方向位移），发现二者曲线几乎一样，说明 ABAQUS 软件的耦合转角加载和 OceanKit 软件的位移加载情况近乎相同，如图 5-29 和图 5-30 所示。

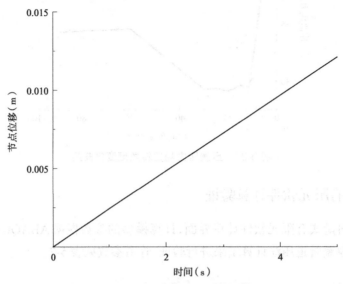

图 5-29　OceanKit 软件扭转后端面长轴节点位移

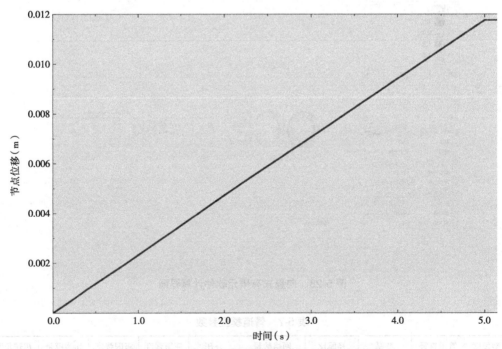

图 5-30　ABAQUS 软件扭转后端面长轴节点位移

导出位移云图进行对比，发现 OceanKit 软件和 ABAQUS 软件形式几乎一致，如图 5-31

和图 5-32 所示。

图 5-31　OceanKit 软件扭转后云图

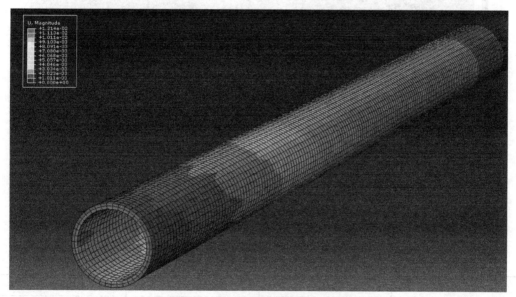

图 5-32　ABAQUS 软件扭转后云图

因此 OceanKit 软件的扭转位移加载是合理的，能够较为准确地计算管道的纯扭转状态。

2. 压溃结果对比

当施加角度为 5° 时，扭转没有使管道产生足够的变形，管道压溃方向与无扭转时相同。轴向压溃位置靠近施加载荷一侧，图 5-33 和图 5-34 分别为 ABAQUS 软件和 OceanKit 软件压溃发生时的管道状态，可以发现无论是压溃位置还是压溃形式都极为相近。

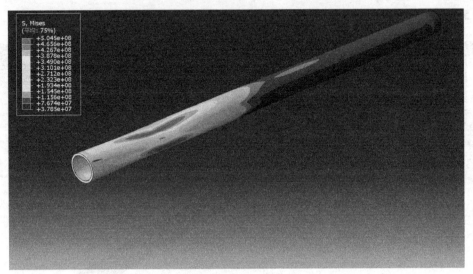

图 5-33 ABAQUS 软件扭转 5° 刚刚发生压溃管道状态

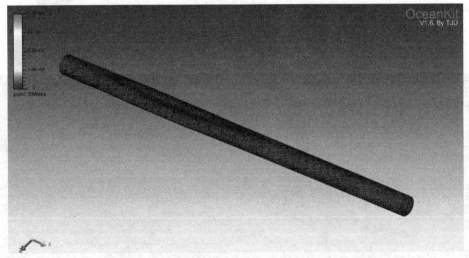

图 5-34 OceanKit 软件扭转 5° 刚刚发生压溃管道状态

表 5-8 为压溃结果对比,误差在 10% 以内。

表 5-8 压溃结果对比

计算软件	ABAQUS	OceanKit 软件	误差
压溃压力	41.5 MPa	45.12 MPa	8.7%

本章部分图例

说明:为了方便读者直观地查看彩色图例,此处节选了书中的部分内容进行展示。页面左侧的页码,为您标注了对应内容在书中出现的位置。

第6章　含整体式止屈器深海管道屈曲机理研究

深海管道在高压环境中很容易发生压溃和屈曲现象,无止屈器的深海管道屈曲传播压力小于压溃压力,如果管道发生压溃,那么很容易发生传播导致大面积的屈曲失效。止屈器常用来阻止屈曲传播,其中整体式止屈器因其与管道外壁之间无焊缝、强度高、性能优良、适用水深范围广等特点常用于工程实际中。

因为 OceanKit 软件是基于向量式有限元理论编写的,在解决动力问题上有良好的适用性,故为探究整体式止屈器对深海管道屈曲传播压力的影响,需要对深海管道进行三维有限元建模和分析。选用无止屈器的深海管道做对照,分析了不同长度、厚度、径厚比的整体式止屈器的止屈效率,得出了整体式止屈器的止屈特性,为研究整体式止屈器的性能提供了一种新的理论和方法。

6.1 无止屈器的深海管道屈曲分析

对于无止屈器的深海管道,纯水压工况下的压溃过程和压溃压力已经在 4.1 节中提及,本节将主要针对纯水压工况下,深海管道的屈曲传播和传播压力进行分析。基于 E. Chater 等提出的管道屈曲理论,对 4.1 节中表 4-1 参数的管道进行计算,可以得到管道所受压力与变形的关系,如图 6-1 所示。

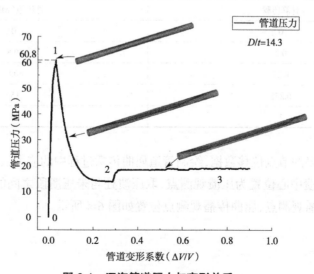

图 6-1　深海管道压力与变形关系

　　管道变形系数为变形管道段的原体积与管道变形前总体积的比值,反映了该管道失效部分的管道段所占的比例。0~1 部分,管道压力逐渐上升时,管道所受载荷上升,材料仍处于弹性阶段,管道上的应力逐渐增大,但应变维持在一个很低的水平,管道变形也非常小。当管道压力继续增大到 1 点时,管道上的应力达到了屈服应力值,材料进入塑性状态,塑性位置的应变开始增大,表现在管道中间截面发生大的变形,发生了压溃现象,此时对应的管道压力为压溃压力。1~2 部分,管道的承压能力迅速下降,管道的压溃引起了压溃点周围发生了一定程度的传播,到 2 点时,由管道压溃点引起的压溃效应结束,此时管道处于一个相对稳定的状态,管道承压能力小幅度提升。2~3 部分,到达了管道的屈曲传播压力值,管道发生屈曲传播现象,压溃点处管道内壁碰撞贴合在一起,压溃点引起的截面变形开始向管道两端传播,直至传到靠近两端约束处。

　　管道的压溃过程在第 4 章中已详细分析,接下来,主要针对管道的屈曲传播压力进行研究。管道的屈曲传播过程是一个动力学问题,向量式有限元理论在求解动态问题上有着良好的适用性,故选用以向量式有限元理论为基础的 OceanKit 软件进行分析。

　　使用 OceanKit 软件对表 4-1 参数的管道进行建模,由 4.1 节的结果可知该管道的压溃压力为 60.6 MPa,因为 OceanKit 软件没有开发类似弧长法的分析步,无法同时控制载荷因子和位移增量步长,只能通过设置载荷时程曲线来控制载荷,结合管道变形状态,来确定管道的屈曲传播压力值。

　　对管道施加的载荷时程曲线的插值点见表 6-1,载荷时程曲线如图 6-2 所示。计算历程在①到②之间时,加载压力从 0 提高到管道压溃压力值。之后再设置一个平台期②到③,消除管道加载速率对结果的影响,之后在③到④之间迅速降压,使管道压溃停止。最后在④到⑤之间,缓慢提高加载压力,探究管道传播压力结果。

表 6-1　载荷时程曲线插值点

计算历程	外压值(MPa)
0	0
0.2	60.8
0.27	60.8
0.275	15
1	30

　　提取计算结果的节点位移数据,绘制管道屈曲传播过程中的应力云图,如图 6-3 所示。

　　提取管道压溃中心位置为压溃观测点,取压溃处与未压溃段之间的坡度区域和未压溃段的点为屈曲传播观测点,屈曲传播观测点位置如图 6-4 所示。

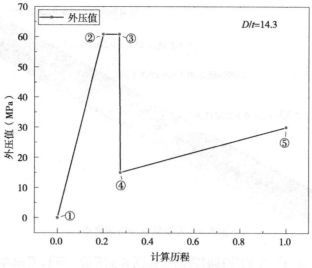

图 6-2　管道加载压力时程曲线

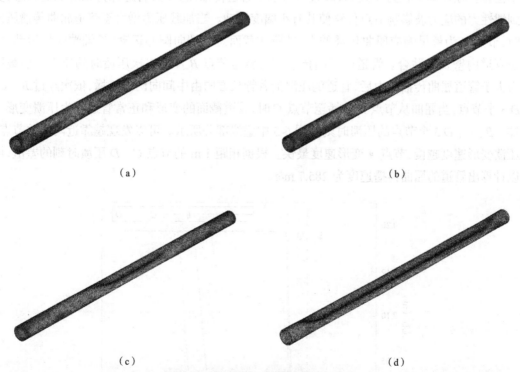

图 6-3　不同计算历程管道屈曲过程

（a）计算历程为①到②　（b）计算历程为②到③　（c）计算历程为③到④　（d）计算历程为④到⑤

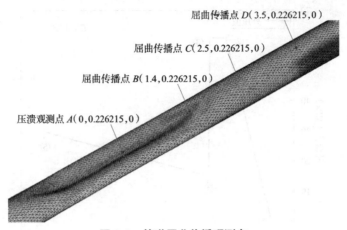

图 6-4　管道屈曲传播观测点

绘制观测点 A、B、C、D 的位移时程曲线如图 6-5 所示。可以看出在计算历程为①到④时，节点 A 已经发生了压溃并且管道截面变形至"哑铃形"，节点 B 受到压溃段的影响也发生了截面变化，但是还没有进展到内表面贴合，节点 C、D 在受到较大外压影响下，发生了微小位移。在计算历程为④到⑤，加载压力小于管道传播压力时，管道保持相对稳定状态，受到惯性力的应力波影响节点位移使其有小幅度波动。当加载压力增大至管道屈曲传播压力时，节点 B 为最早响应屈曲传播的点，其所在截面短轴端向圆心运动，长轴端向外运动，直至管道内壁发生贴合。管道的屈曲传播压力就是节点 B 发生二次压溃时的压力。加载压力大于管道屈曲传播压力后，管道的压溃沿着管长方向由中间向两端传播，依次经过 B、C、D 3 个节点，当屈曲从节点 B 传播至节点 C 时，管道截面的变形和正常管道发生压溃变形一样。B、C、D 3 个节点的压溃时刻如图 6-5 中虚线部分所示。可以发现越靠近两端的节点，压溃变形速度越慢，节点 A 变形速度最快。根据相距 1 m 的节点 C、D 压溃时刻的差值，可以计算出管道的屈曲传播速度为 285.7 m/s。

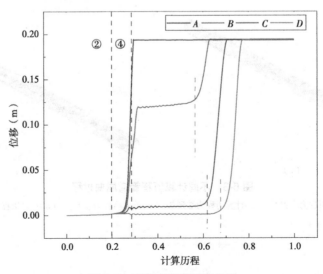

图 6-5　观测点位移时程曲线

按照上述分析的 OceanKit 软件计算管道屈曲传播压力及屈曲传播速度的方法,对外径为 457 mm,径厚比为 12 和 16 的管道进行计算,所得结果见表 6-2。

表 6-2　管道屈曲传播压力和速度结果

管道径厚比	管道压溃压力	屈曲传播压力	屈曲传播速度
12	75.72 MPa	30.48 MPa	166.7 m/s
14.3	60.8 MPa	19.66 MPa	285.7 m/s
16	49.2 MPa	14.85 MPa	200 m/s

基于之前很多专家学者对深海管道屈曲传播压力的研究,很多船级社或相关组织制定了屈曲传播的经验公式,常见的有如下几个。

（1）DNV 规范中屈曲传播的压力计算公式:

$$P_\mathrm{p} = 35\sigma_0\alpha_\mathrm{fab}\left(\frac{t}{D}\right)^{2.5} \quad (15 < D/t < 4) \tag{6-1}$$

式中:P_p 为屈曲传播压力;σ_0 为屈服极限;α_fab 与钢材的制作有关,如果是无缝钢管,$\alpha_\mathrm{fab}=1$;D 为外径;t 为壁厚。

（2）API 规范中提出的屈曲传播压力公式:

$$\frac{P_\mathrm{p}}{\sigma_0} = 24\left(\frac{t}{D}\right)^{2.4} \tag{6-2}$$

（3）美国船级社（American Bureau of Shipping,ABS）规范中的屈曲传播压力公式:

$$\frac{P_\mathrm{p}}{\sigma_0} = 6\left(\frac{2t}{D}\right)^{2.5} \tag{6-3}$$

将径厚比为 12、14.3、16 的管道带入式（6-1）、式（6-2）、式（6-3）中,得到上述 3 个规范计算的屈曲传播压力值,与 OceanKit 软件的计算结果进行对比,见表 6-3。

表 6-3　屈曲传播压力计算值

管道径厚比	DNV 规范	API 规范	ABS 规范	OceanKit 软件计算结果
12	31.43 MPa	27.63 MPa	30.48 MPa	32.57 MPa
14.3	20.28 MPa	18.14 MPa	19.66 MPa	21.31 MPa
16	15.31 MPa	13.85 MPa	14.85 MPa	16.87 MPa

可以看出 OceanKit 软件的计算结果与 DNV、API、ABS 规范的差距较小,说明 OceanKit 软件可以有效地解决管道屈曲传播的问题。同时,参照 Netto 和 Kyriakides 对于管道屈曲传播速度的试验研究,测得试验钢材的屈曲传播速度为 121.92~243.84 m/s,与 OceanKit 软件的计算结果相近,可以得出 OceanKit 软件在解决管道屈曲传播这类动态问题上有良好的适用性。

6.2　含整体式止屈器深海管道的屈曲分析

整体式止屈器与管道同轴排列,两者内径相同;而止屈器具有更厚的壁厚,沿管长方向焊接相连,形成一个整体,所以整体式止屈器无须考虑止屈器与管道外壁焊接的问题。使用OceanKit软件对整体式止屈器的建模,可以将止屈器与深海管道看作一个整体,基于表4-1参数的管道建立三维有限元模型,含止屈器管道参数见表6-4,三维有限元模型如图6-6所示。

表6-4　含止屈器管道参数

模型总长(m)	外径(mm)	壁厚(mm)	轴向网格数	环向网格数	径向网格数
10	457	31.8	200	80	2
初始椭圆度	止屈器长度(m)	止屈器壁厚(mm)	止屈器位置	屈服强度(MPa)	极限强度(MPa)
2%	0.2	47.7	管道中心	448	535

图6-6　整体式止屈器模型

为分析止屈器对屈曲传播压力的影响,对止屈器左侧管道施加一个较大的椭圆度,使管道压溃发生在左侧管道上。通过调整载荷时程曲线,控制管道所受压力,观察管道压力为多少时,屈曲跨越止屈器传播至止屈器右侧管道。对模型施加的载荷时程曲线上的插值点见表6-5,载荷时程曲线如图6-7所示。

表6-5　载荷时程曲线插值点

计算历程	外压值(MPa)
0	40
0.1	40
0.2	30
0.6	30
1	60

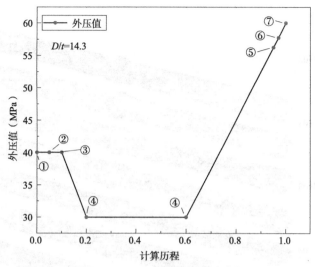

图 6-7　含止屈器管道加载压力图

计算完成后,读取计算结果,绘制三维应力云图,得到含止屈器的深海管道屈曲过程如图 6-8 所示,图 6-8 中的序号为图 6-7 中所选具有代表性的计算历程时刻。整个模型的屈曲过程分为 3 个阶段。第一阶段为压溃发生阶段,计算历程为 0~0.1,因为建模时,模型左侧管道椭圆度较大,在受到 40 MPa 外压时,左侧管道发生了压溃,压溃过程如图 6-8 中①~③所示。第二阶段为降压阶段,计算历程为 0.1~0.6,管道发生压溃之后,进入塑性状态,由于破坏了整体结构,在较小的压力下也会在左侧管道发生屈曲传播,如图 6-8 中③~④所示。屈曲传播至靠近止屈器附近,由于止屈器的止屈作用,屈曲传播停止,在 0.2~0.6 期间维持④的状态,此时靠近止屈器部分的管道应力较大。第三阶段为止屈穿越阶段,计算历程为 0.6~1;随着压力的继续增大,止屈器左侧部分管道应力继续增加,逐渐进入塑性状态,此时止屈器上的应力也增大到了塑性状态,止屈器部分开始发生压溃,不再起到止屈作用。同时止屈器右侧部分管道应力也逐渐增大,开始发生压溃,如图 6-8 中⑤所示。之后压力继续增大,屈曲穿越了止屈器到达止屈器右侧管道,并在右侧管道上发生屈曲传播,如图 6-8 中⑥~⑦所示。

为进一步研究含止屈器管道止屈穿越压力和屈曲传播过程,结合图 6-8 中管道的变形情况,选取管道上有分析价值的参考点,如图 6-9 所示。参考点的位移时程曲线如图 6-10 所示。

节点 A 是模型中最早发生压溃的点,在计算历程为 0~0.1 时发生了截面变形到内壁接触的过程,之后受到应力波的影响有微小波动。节点 B 是靠近止屈器左侧的点,在计算历程为 0~0.2 时,受到左侧管道屈曲传播的影响发生了变形,之后由于止屈器的影响在 0.2~0.6 过程中保持不变,之后由于压力增大,继续发生变形。节点 C 是止屈器中心位置的点,在计算历程为 0.8~1 时,位移发生突变,止屈器开始压溃,压溃点对应的计算历程是 0.92,结合载荷施加曲线,可以得到该止屈器模型的止屈穿越压力为 55.2 MPa。节点 D 是止屈器右侧管道上的点,在计算历程为 0.92 后,屈曲穿越止屈器到达止屈器右侧管道,该点位移突然增大发生压溃。

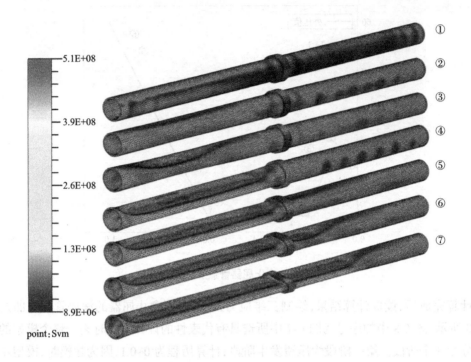

图6-8 含止屈器管道屈曲过程

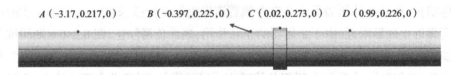

$A\,(-3.17,0.217,0)$　　$B\,(-0.397,0.225,0)$　　$C\,(0.02,0.273,0)$　　$D\,(0.99,0.226,0)$

图6-9 含止屈器管道屈曲分析参考点

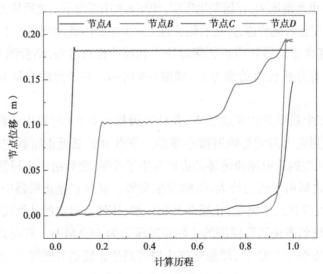

图6-10 参考点位移时程曲线

6.3　整体式止屈器参数分析

由 6.2 节可知 OceanKit 软件可以有效模拟含止屈器的管道压溃及屈曲全过程,以及如何使用 OceanKit 软件确定含止屈器的管道止屈穿越压力。本节将针对管道径厚比、止屈器壁厚、止屈器长度等相关参数,分析上述参数变化时含整体式止屈器管道的止屈穿越压力影响。

6.3.1　管道径厚比

管道径厚比是管道压溃压力和屈曲传播压力的重要影响因素,由于 OceanKit 软件主要研究对象为厚壁管($D/t < 20$),故选取径厚比为 12、14、16、18 的管道为研究对象。取止屈器壁厚与管道壁厚比 $h/t = 1.5$,止屈器长度与管道直径比 $L_z/D = 1$,其他管道参数见表 6-6。

表 6-6　管道参数

模型总长(m)	外径(mm)	轴向网格数	环向网格数	径向网格数
10	457	200	80	2
初始椭圆度	止屈器位置	屈服强度(MPa)	极限强度(MPa)	切线模量(GPa)
2%	模型中心	448	535	1.45

使用 OceanKit 软件对上述模型进行计算,结果如图 6-11 所示。径厚比越大的管道,纯管道的压溃压力和屈曲传播压力越大,止屈穿越压力越大。同时,管道的径厚比越小,止屈穿越压力增大得越快。

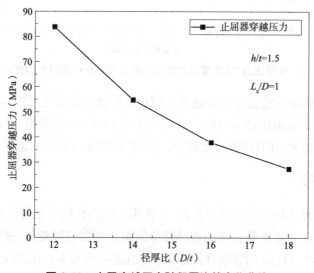

图 6-11　止屈穿越压力随径厚比的变化曲线

6.3.2　止屈器壁厚

　　止屈器壁厚是止屈器的重要参数之一,常通过管道的壁厚比 h/t 来描述。取径厚比为 12、14、16 的管道进行分析,止屈器长度按 $L_z/D=1$ 和 0.8 选取。因管道为厚壁管,止屈器厚度过大时,止屈器所在位置相当于给管道施加了一个固定端。止屈器的穿越压力会大于管道的压溃压力,会出现止屈器并没有压溃但管道另一侧已经发生压溃的现象。因实际工程设计中,止屈器壁厚不会过厚,所以这里分析 h/t 在 1.1~1.6 时,止屈器壁厚变化引起的止屈穿越压力变化,即取 h/t =1.1、1.2、1.3、1.4、1.5、1.6。

　　径厚比为 12 的管道止屈穿越压力随止屈器壁厚的变化如图 6-12 所示。当 h/t 在 1.1~1.4 时,止屈器穿越压力随止屈器厚度变化接近线性增加,h/t =1.5 和 1.6 时,$L_z/D=1$ 和 h/t =1.6 的管道,$L_z/D=0.8$ 的管道止屈器的止屈穿越压力大于管道压溃压力,止屈器另一端管道在外压的影响下直接发生压溃。

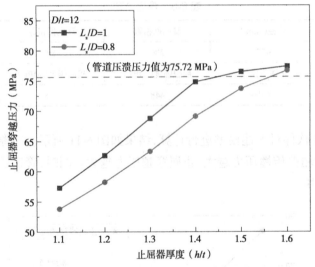

图 6-12　径厚比为 12 的管道止屈器穿越压力随止屈器厚度的变化曲线

　　径厚比为 14 和 16 的管道止屈穿越压力随止屈器壁厚的变化如图 6-13 所示,止屈器穿越压力始终没有超过管道压溃压力值。对径厚比为 14 和 16 的管道,止屈器的穿越压力随止屈器厚度增大而增大;并且随着厚度增加,止屈器穿越压力增大的速度也会增加。

6.3.3　止屈器长度

　　止屈器长度也是止屈器的重要参数之一,常用止屈器长度与管道外径的比 L_z/D 作为描述止屈器长度的值。对止屈器长度的敏感性分析与止屈器壁厚类似,选用厚壁管作为研究对象,取径厚比为 12、14、16 的管道进行分析。止屈器厚度取 h/t =1.2 和 1.5 做对比分析,按照工程实际中止屈器常见长度,取 $L_z/D=$ 0.5、0.75、1、1.25、1.5 进行分析。

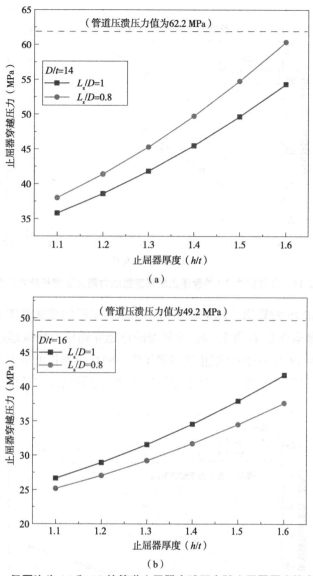

图 6-13 径厚比为 14 和 16 的管道止屈器穿越压力随止屈器厚度的变化曲线

（a）径厚比为 14 的管道 （b）径厚比为 16 的管道

径厚比为 12 的管道止屈穿越压力随止屈器壁厚的变化如图 6-14 所示。可以看到在 L_z/D 为 0.5~1.5 时，h/t =1.2 的管道止屈穿越压力随止屈器长度增加几乎呈线性增长；h/t =1.5 的管道在止屈器长度 L_z/D 为 0.5~1.25 时随止屈器长度增加呈线性增长，在 L_z/D 为 1.25~1.5 时几乎没有增长，造成这个现象的原因与分析止屈器厚度时，过厚的止屈器会发生管道传播跨过止屈器直接在止屈器另一端发生一样。过厚或者过长的止屈器会让止屈器区域类似一个固支端，当压力增加到管道压溃压力之上时，止屈器还未发生屈曲，另一端的管道就已经在大于压溃压力的外压下破坏了。

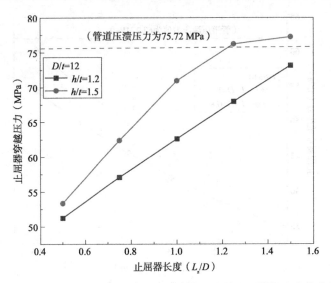

图6-14 径厚比为12的管道止屈器穿越压力随止屈器长度变化曲线

径厚比为14和16的管道止屈穿越压力随止屈器壁厚的变化如图6-15所示。径厚比为14、h/t =1.5的管道在L_z/D为1.5时,止屈器的止屈穿越压力略微超过了管道压溃压力。除此之外,径厚比为14和16的管道止屈器穿越压力随止屈器长度增大而增加,并且呈现线性增加的趋势。止屈器厚度越大,止屈器穿越压力随止屈器长度增长得就越快。

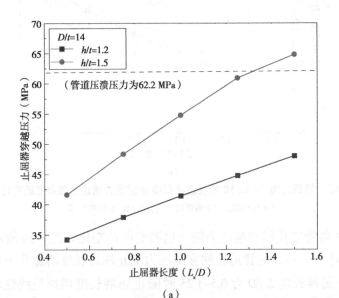

（a）

图6-15 径厚比为14和16的管道止屈器穿越压力随止屈器长度变化曲线

（a）径厚比为14的管道

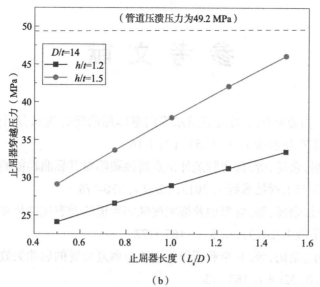

（b）

图 6-15　径厚比为 14 和 16 的管道止屈器穿越压力随止屈器长度变化曲线（续）

（b）径厚比为 16 的管道

本章部分图例

说明：为了方便读者直观地查看彩色图例，此处节选了书中的部分内容进行展示。页面左侧的页码，为您标注了对应内容在书中出现的位置。

参 考 文 献

[1] 刘润,李成凤. 高温高压下海底管道水平向整体屈曲研究现状分析[J]. 天津大学学报（自然科学与工程技术版）, 2020, 53（1）: 1-16.

[2] 樊志远,余建星,余杨,等. 深海管道外部点腐蚀缺陷对其屈曲性能的影响[J]. 天津大学学报（自然科学与工程技术版）, 2019, 52（7）: 770-778.

[3] 李牧之,余建星,余杨,等. 含腐蚀及椭圆度缺陷管道的动态屈曲传播研究[J]. 中南大学学报（自然科学版）, 2019, 50（5）: 1165-1172.

[4] 张春迎,余建星,余杨,等. 复杂载荷作用下双金属复合管的屈曲失效模拟分析[J]. 中国海上油气, 2020, 32（5）: 168-173.

[5] YU J X, HAN M X, DUAN J H, et al. The research on the different loading paths of pipes under combined external pressure and axial tension[J]. International journal of mechanical sciences, 2019, 160: 219-228.

[6] 余杨,胡少谦,韩梦雪,等. 扭矩与外压联合作用下海底管道的屈曲研究[J]. 天津大学学报, 2022, 55（6）: 596-602.

[7] 余建星,李牧之,余杨,等. 海底管道在弯矩和水压作用下的屈曲压溃研究[J]. 天津大学学报（自然科学与工程技术版）, 2020, 53（4）: 411-418.

[8] 余建星,韩梦雪,余杨,等. 复杂载荷下加载路径对管道屈曲压溃影响的研究[J]. 天津大学学报（自然科学与工程技术版）, 2021, 54（10）: 1017-1024.

[9] 余建星,袁祺伟,余杨,等. 地震断层对管道压溃压力的影响[J]. 世界地震工程, 2020, 36（2）: 180-190.

[10] 余杨,李振眠,余建星,等. 穿越平移断层海底埋地管道屈曲失效分析[J]. 工程力学, 2022, 39（9）: 242-256.

[11] LI Z M, YU Y, LIU X, et al. Propagation and arrest of collapse failures in a buried offshore pipeline crossing reverse fault areas[J]. Marine structures, 2024, 93: 103522.

[12] LI Z M, YU Y, HUANG S L, et al. On the buckling propagation and its arrest in buried offshore pipeline crossing strike-slip fault[J]. Ocean engineering, 2023, 287: 115821.

[13] KYRIAKIDES S, LEE L. Slip-on and clamped buckle arrestors[J]. Mechanics of offshore pipelines, 2021, 2（9）: 303-343.

[14] 颜铠阳,余建星,余杨,等. 整体式止屈器数值模拟方法与优化研究[J]. 海洋工程, 2020, 38（6）: 77-85.

[15] TING E C, SHIH C, WANG Y K. Fundamentals of a vector form intrinsic finite element: part I. basic procedure and a plane frame element[J]. Journal of mechanics, 2004, 20（2）:

113-122.

[16] TING E C, SHIH C, WANG Y K. Fundamentals of a vector form intrinsic finite element：part Ⅱ. plane solid elements[J]. Journal of mechanics, 2004, 20(2)：123-132.

[17] 卢哲刚, 姚谏. 向量式有限元：一种新型的数值方法[J]. 空间结构, 2012, 18(1)：85-91.

[18] 陈楠, 濮嘉铭, 刘龙. 基于向量式有限元的结构稳定性分析[J]. 起重运输机械, 2020（ 20 ）：99-103.

[19] 陈楠, 刘龙, 马月. 基于向量式有限元的空间格构柱屈曲破坏[J]. 计算机辅助工程, 2020, 29(4)：32-36.

[20] LI X M, WEI W F, BAI F T. A full three-dimensional vortex-induced vibration prediction model for top-tensioned risers based on vector form intrinsic finite element method[J]. Ocean engineering, 2020, 218：108140.

[21] LI X M, GUO X L, GUO H Y. Vector form intrinsic finite element method for nonlinear analysis of three-dimensional marine risers[J]. Ocean engineering, 2018, 161：257-267.

[22] GU H L, GUO H Y, BAI F T, et al. Study on the collision probability of vertical risers considering the wake interference effect[J]. Ocean engineering, 2022, 245：110583.

[23] YU Y, XU S B, YU J X, et al. Influence of seabed trench on the structural behavior of steel catenary riser using the vector form intrinsic finite element method[J]. Ocean engineering, 2022, 251：110963.

[24] YU Y, XU S B, YU J X, et al. Dynamic analysis of steel catenary riser on the nonlinear seabed using vector form intrinsic finite element method[J]. Ocean engineering, 2021, 241：109982.

[25] 王飞, 李效民, 马芳俊, 等. 向量式有限元法在管土相互作用中的应用[J]. 船舶力学, 2019, 23(4)：.467-475

[26] CHEN L, BASU B, NIELSEN S R K. Nonlinear periodic response analysis of mooring cables using harmonic balance method[J]. Journal of sound and vibration, 2019, 438：402-418.

[27] ZHANG Y, SHI W, LI D S, et al. A novel framework for modeling floating offshore wind turbines based on the vector form intrinsic finite element (VFIFE) method[J]. Ocean engineering, 2022, 262：112221.

[28] ZHANG Y, SHI W, LI D S, Et al. Development of a numerical mooring line model for a floating wind turbine based on the vector form intrinsic finite element method[J]. Ocean engineering, 2022, 253：111354.

[29] ZHANG L X, SHI W, KARIMIRAD M, et al. Second-order hydrodynamic effects on the response of three semisubmersible floating offshore wind turbines[J]. Ocean engineering, 2020, 207：107371.

[30] XU P, DU Z X, HUANG F Y, et al. Numerical simulation of deepwater S-lay and J-lay

pipeline using vector form intrinsic finite element method[J]. Ocean engineering, 2021, 234 (3): 109039.

[31] XU P, DU Z X, ZHANG T, et al. Vector form intrinsic finite element analysis of deepwater J-laying pipelines on sloping seabed[J]. Ocean engineering, 2022, 247: 110709.

[32] 李振眠, 余杨, 余建星, 等. 基于向量有限元的深水管道屈曲行为分析[J]. 工程力学, 2021, 38(4): 247-256.

[33] WU H, ZENG X H, XIAO J Y, et al. Vector form intrinsic finite-element analysis of static and dynamic behavior of deep-sea flexible pipe[J]. International journal of naval architecture and ocean engineering, 2020, 12: 376-386.

[34] YU Y, LI Z M, YU J X, et al. Buckling analysis of subsea pipeline with integral buckle arrestor using vector form intrinsic finite thin shell element[J]. Thin-walled structures, 2021, 164: 107533.

[35] YU Y, LI Z M, YU J X, et al. Buckling failure analysis for buried subsea pipeline under reverse fault displacement[J]. Thin-walled structures, 2021, 169: 108350.

[36] YU Y, MA W T, YU J X, et al. On the buckling crossover of thick-walled pipe bend under external pressure[J]. Ocean engineering, 2022, 266: 113177.

[37] 孙震洲. 深海油气管道屈曲失稳机理研究[D]. 天津: 天津大学, 2017.

[38] 王震. 向量式有限元薄壳单元的理论与应用[D]. 浙江: 浙江大学, 2013.

[39] NETTO T A, KYRIAKIDES S. Dynamic performance of integral buckle arrestors for offshore pipelines: Part I. experiments[J]. International journal of mechanical sciences, 2000, 42(7): 1405-1423.